일상에서 발견한 50가지 과학 원리

과학이 재밌어지는 아주 친절한 과학책

사마키 다케오 지음
이재화 옮김
류성철 감수

북스힐

시작하며

이 책은 오로라 현상을 형광등의 구조라는 일상적인 물건으로 예를 들어 알기 쉽게 설명하는 데 도전하고 있습니다.

자연 현상은 과학적으로만 친절하게 설명한다고 해서 이해하기가 쉽지 않습니다. 우리 일상에 늘 있기에 단순해 보이지만 사실 다양한 요소가 복잡하게 뒤엉켜 이루어진 만만찮은 현상이기 때문입니다.

그래도 '일상적인 것'은 매력적입니다. 저는 자연 현상이나 과학 현상 등과 일상 사이에 있는 공통점을 찾아 서로의 관계를 빗대어 설명하면 자연 현상이나 과학 현상은 물론, 일상적인 것까지 흥미와 관심을 유발할 수 있다는 생각을 품고 있었습니다. 그래서 제가 편집장을 맡고 있는 어른을 위한 과학 잡지 〈이과의 탐험(Rika Tan)〉의 편집 임원 여러분의 도움을 받았습니다.

'예를 들면'이라는 흥미로운 주제를 50개 선정해 자연 현상과 과학 현상을 일상과 짝지어 보았습니다. 제목을 읽으면 바로 연관성이 떠오르는 주제도 있고 어떤 연관성이 있는지 호기심이 생기는 주제도 있습니다. 우리의 도전이 재밌는 결과로 이어질지 아닐지 기대해 주시기 바랍니다.

편저자 사마키 다케오

차례

3장 주변에서 관찰할 수 있는 과학 현상

4장 과학으로 풀어보는 일상 속 수수께끼

5장 과학은 이렇게 비유하면 재밌다!

일상에서 발견하는 대자연의 불가사의

1장

1 삶은 달걀과 닮은 지구 내부의 구조

지구 내부를 들여다보면…

지구는 반지름이 약 6,400 km인 거대한 구입니다. 지구의 내부는 어떻게 이루어져 있을까요?

지구를 삶은 달걀이라고 생각해 봅시다. 왜냐하면 현재 지구의 내부는 마치 삶은 달걀처럼 층이 있는 형태로 이루어져 있다고 여겨지기 때문입니다. '삶은 달걀'은 표면에서 중심을 향해 껍데기, 흰자, 노른자 순으로 이루어져 있습니다. '지구'에서 껍데기는 지각, 흰자는 맨틀, 노른자는 핵에 해당합니다. 탱글탱글한 흰자와 같이 지구의 맨틀도 탄성이라는 성질이 있다고 합니다.

삶은 달걀이라고 해도 완숙보다는 반숙이 지구와 비슷하다고 할 수 있습니다. 그리고 반숙 달걀이므로 노른자는 걸쭉한 상태입니다.

그러나 삶은 달걀과 달리 노른자에 해당하는 지구의 핵은 내핵과 외핵이

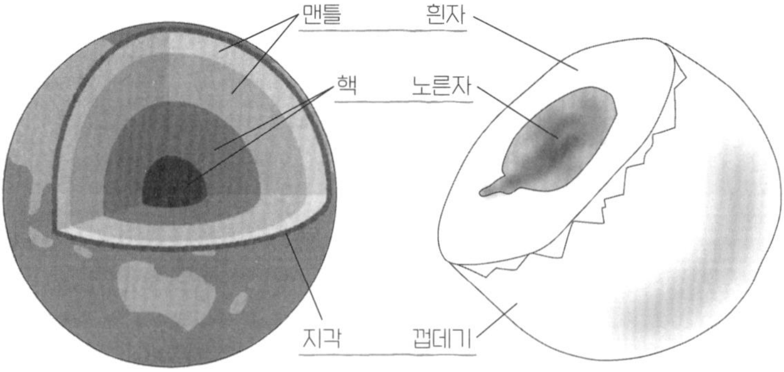

삶은 달걀과 닮은 지구의 내부

라는 두 층으로 나뉘어 있습니다. 지구의 외핵은 액체지만, 지구의 중심 부분에 해당하는 내핵은 고체입니다.

삶은 달걀로 말하면 껍데기는 지각이야!
껍질 각(殼) 자를 쓰니까?
아냐!

지구와 삶은 달걀의 차이?

지각은 암석으로 이루어져 있습니다. 지구 전체로 보면 두께는 상당히 얇으며 그 두께는 장소에 따라 다릅니다.

바로 이 점이 지구와 삶은 달걀의 차이입니다. 달걀 껍데기의 두께는 어디든 비슷하지만, 지각의 두께는 지구 곳곳마다 다릅니다. 지각의 두께는 대륙은 30~50 km 정도, 바다는 이보다 얇아서 5~10 km 정도로 대륙과 바다의 지각 두께의 차이가 10배에 달하기도 합니다.

지각 아래부터 2,900 km 안쪽까지는 맨틀입니다. 지하 100~200 km 깊이의 맨틀 윗부분에는 맨틀의 주성분인 암석이 녹아 마그마가 생성되는 곳이 있습니다. 마그마는 지표면을 향해 올라와 일단 어느 정도 깊이에서 웅덩이를 만드는데, 이 마그마가 지표면으로 분출하는 현상이 바로 화산의 분화입니다.

핵은 4,000℃가 넘는 고온 상태라고 알려져 있으며, 맨틀 아래에서 5,100 km까지인 외핵과 그보다 안쪽에 있는 내핵으로 나뉘어 있습니다. 외핵도 내핵과 마찬가지로 대부분 철로 구성되어 있습니다.

지구 내부를 청진하다

지구 내부를 조사한다고 하면 대부분 '지구 중심까지 구멍을 뚫으면 되지.'라고 생각할 겁니다. 그러나 지표를 파고 들어가다 보면 처음에는 흙이 나오지만, 곧 암반에 부딪혀 뚫고 들어갈 수가 없습니다.

이런 상황을 해결한 것이 지진파 기록을 분석하는 과학자입니다. 여름에 과일가게에 진열된 수박을 떠올려 보십시오. 우리는 수박을 갈라 알맹이를 보지 않고도 표면을 통통 두드려 나는 소리를 듣고서 잘 익은 수박을 고르는 행동을 흔히 합니다. 그러나 지구는 매우 크기 때문에 사람이 통통 두드리는 정도로는 아무 변화도 일어나지 않습니다. 이때 사람의 손 대신 지구를 두드리는 것이 바로 '지진'입니다.

지진파는 지구 내부를 통해 세계 각지로 전달됩니다. 세계 각지의 지진계 기록을 조사하면 빠르거나 느리며, 때로는 구부러진다는 사실을 알 수 있습니다.

지진파를 이용해 지구에 핵이 있다고 처음으로 짐작한 건 1906년입니다. 아일랜드의 지질학자 올덤은 지진파인 P파와 S파가 지구 내부를 통과할 때 명확한 차이를 보인다는 점을 알아내어 지구 중심에 핵이 존재한다는 사실을 밝혀냈습니다. 그리고 3년 후, 모호로비치치지각과 맨틀 사이의 경계면인 '모호로비치치 불연속면'을 발견한 크로아티아의 지구물리학자는 지각과 지각 바로 아래 맨틀과의 사이에 존재하는 경계를 지진파 연구로 발견했습니다.

자연에서 일어나는 지진은 원하는 시간, 그리고 원하는 장소에서 일어나지 않습니다. 그래서 인공적인 지진을 일으켜 지각의 두께를 조사하는 작업도 이루어지고 있습니다.

맨틀에서 올라온 암석을 조사하다

맨틀 윗부분에 한정된 이야기를 하자면, 다이아몬드가 형성되는 킴벌라이트 광맥유용한 광물이 땅속에 대량으로 묻혀 있는 부분 덕분에 우리는 물질에 대해 조금 더 이해할 수 있게 되었습니다. 킴벌라이트는 200~300 km 밑 상당히 깊은 곳에서 일어난 대폭발로 인해 마그마가 지표를 향해 어마어마한 속도로 올라온 것을 말합니다. 킴벌라이트의 조사를 통해 맨틀 깊이 300 km 정도까지 감람암으로 이루어져 있다는 사실을 밝혀냈습니다. 또한 지구 깊은 곳의 초고압·고온의 환경을 실험실에서 재현해, 물질이 어떤 상태로 존재하는지 조사하기도 합니다.

청진해 볼게요.
지진파로요? 우와~! 엄청 신기하네요!

2005년 7월에 완성한 지구 심층부 조사선 '지큐지구라는 뜻'는 더욱 기대를 모으고 있습니다. 지금까지 인류가 도달하지 못한 맨틀의 샘플을 채취하는 것. 그것이야말로 '지큐'가 만들어진 최대 목표입니다!

이것이 공통점!

지구 내부의 '지각 - 맨틀 - 핵'은 대략 삶은 달걀의 '껍데기 - 흰자 - 노른자'에 대응합니다.

2 캐러멜의 성질로 알아보는 빙하의 움직임

수백 년에 걸쳐 형성되는 빙하

지상에 내려 쌓인 눈이 점점 두꺼워져 얼음이 되고 중력에 의해 흘러내리는 것을 '빙하'라고 합니다. 막 내린 눈은 결정과 결정 사이에 공기가 차 있으며, 밀도는 약 0.05~0.15 g/cm^{3}입니다. 쌓인 눈이 두꺼워지면 위에서 누르는 무게로 인해 공기가 빠져나갑니다. 이로 인해 밀도가 약 0.83 g/cm^3 이상 높아지면 결정과 결정 사이에 차 있던 공기는 연결이 끊어지며 기포가 되어 갇히는데, 이것을 '빙하빙'이라고 합니다.

저는 남극기지에서 가지고 돌아온 빙하빙을 얼음 삼아 위스키를 마신 적이 있는데, 얼음이 녹으면서 기포가 튀어나오는 소리를 들었습니다. 남극에서 갓 내린 눈이 빙하빙으로 바뀌는 데는 수백 년의 시간이 걸린다고 합니다.

눈이 내려 쌓이기 때문에 빙하빙도 점점 두꺼워진다고 생각하겠지만, 사실은 그렇지 않습니다. 남극대륙처럼 전 지역의 얼음이 녹지 않는 지역에서는 빙하에서 떨어져 나온 빙하빙이 바다로 흘러들어가 떠다니는 빙산이 됩니다. 새롭게 늘어나는 눈의 양만큼 빙산이 되어 줄어들며 균형이 맞춰지는 겁니다. 이렇게 빙하빙은 그야말로 '얼음의 강'처럼 흘러내려 갑니다.

빙빙 돈다고…?
무슨 소리야….
그게 아냐….
빙하빙

고체인 얼음이 왜 흘러내리는 것일까?

남극대륙처럼 1년 내내 얼음이 녹지 않는 곳의 한랭빙하는 어떻게 움직이는 것일까요? 이는 '점탄성에 의한 소성변형'이 원인이라고 합니다. 얼음은 압력을 받으면 녹는 성질이 있습니다. 한랭빙하도 위에서 누르는 무게로 인해 빙하 밑면에 큰 압력을 받기는 하지만, 기온이 낮아 녹지는 않습니다.

계절에 따라 쌓인 눈이 녹기도 하는 온난빙하는 빙하 밑면이 녹아 바닥에 얇은 물의 막이 생깁니다. 온난빙하가 움직이는 이유는 미끄러지기 쉬운 수막 위에 있기 때문입니다. 한랭빙하는 1년에 수 미터에서 수십 미터 이동하는 반면, 온난빙하는 그보다 훨씬 더 빠른 속도로 움직입니다. 그럼 남극대륙과 같은 곳에서 한랭빙하가 흘러내리는 원인을 알아볼까요?

고체는 힘을 가하면 변형됩니다. 단단한 암석이라도 누르면 눈에 보이지 않을 정도지만 수축하는데, 이 행동을 멈추면 원래대로 돌아갑니다. 이러한 스프링 같은 성질을 탄성이라고 하며 모든 고체에는 탄성이 있습니다. 이때 일어나는 변형이 '탄성변형'입니다. 하지만 스프링이라도 어느 정도 이상 힘

압력의 영향으로 '점성'이 있는 액체처럼 변해 무너지는 빙하

을 가하면 완전히 늘어난 채 원래대로 돌아가지 못합니다. 이때 일어난 변형을 '소성변형'이라고 합니다.

사탕이나 캐러멜은 하루 정도 놓아두어도 그 모습 그대로 변하지 않습니다. 그러나 한 달 정도 놓아두면 모양이 바뀌거나 표면이 끈적거리는데, 이러한 변형도 소성변형입니다. 오랜 시간이 지나면 사탕이나 캐러멜은 꿀이나 시럽처럼 끈적거리는 즉, 점성이 있는 액체와 같은 성질을 가지기 때문입니다.

사실 물체는 탄성만 지니고 있는 것이 아니라, 점성도 다소 지니고 있습니다. 빙하빙도 짧은 시간 동안에는 고체의 성질인 탄성을 보이지만, 오랜 시간이 지나면 점성도 나타납니다.

고체에 오랜 시간 동안 같은 방향으로 계속 힘을 가하면 점성이 있는 액체처럼 변형되는 것입니다. 다만 짧은 시간 동안에는 점성이 보이지 않습니다.

누르지 마.
원래대로
돌아오긴
하지만.
꾸욱
어….
눌리네.
탄성

'점성'의 특징을 지닌 캐러멜

지구 내부의 맨틀에서도…

지구는 반지름이 약 6,400 km인 매우 커다란 구입니다. 지구 내부는 표면에서 안쪽으로 '지각-맨틀-핵'의 순서로 이루어져 있습니다.

지각은 암석으로 구성되어 있습니다. 대륙은 두꺼워서 30~50 km 정도이며, 바다는 얇아서 5~10 km 정도입니다. 맨틀은 지각보다 깊은 곳을 말하는데, 맨틀도 암석으로 이루어져 있습니다. 위치에 따라 온도 차가 있으며, 온도가 높은 곳에서는 암석이 지구 내부에서 표면으로 천천히 움직이고 있습니다. 또한 온도가 상대적으로 낮은 곳에서는 암석이 표면에서 지구 내부로 천천히 움직이고 있습니다.

끈적끈적해~
누르지 말게나….
꾸욱~
점성

맨틀 내에서는 위와 같은 맨틀 대류가 일어나고 있습니다. 수천 만 년과 같은 아주 긴 시간으로 보면, 맨틀은 점성유체와 같은 움직임을 보입니다.

이것이 공통점!

남극대륙에 있는 빙하빙과 캐러멜은 고체지만 오랜 시간이 지나면 액체와 같은 성질을 지니는 점이 일치합니다!

3 된장국에서 발견할 수 있는 조개구름의 형성 원리

된장국 속에 조개구름이 있다!?

맑고 높은 가을 하늘에는 마치 벌집처럼 생긴 하얀 구름이 빽빽이 줄지어 있을 때가 있습니다. 온도가 낮고 상공에 그다지 바람이 없는 가을 하늘에서 많이 볼 수 있는 현상입니다.

벌집 같은 구름을 조개구름이라고 부르며, 이는 작은 구름 덩어리가 조개 무리처럼 보이기 때문입니다. 구름 덩어리가 이보다 더 작으면 비늘구름이라고 하며 둘 다 '권적운'의 일종입니다.

조개구름이 형성되는 원리는 된장국의 대류, 즉 된장의 움직임과 같습니다. 그럼 되도록 건더기가 적은 된장국을 끓여 그릇에 붓고 가만히 관찰해 봅

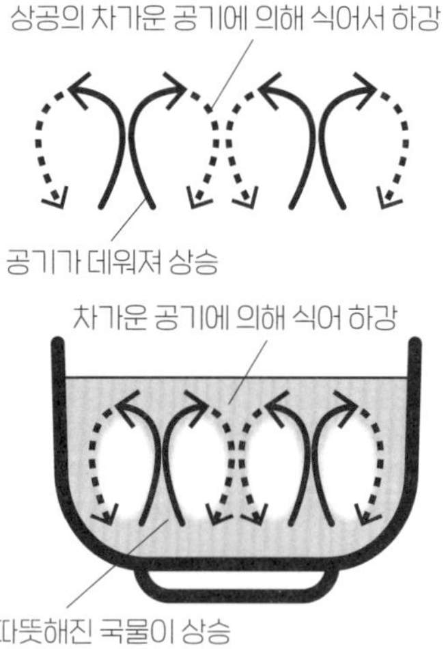
상공의 차가운 공기에 의해 식어서 하강
공기가 데워져 상승
차가운 공기에 의해 식어 하강
따뜻해진 국물이 상승

베나르 대류의 형성

시다. 표면에 벌집 같은 무늬가 생기며 된장과 물로 나뉘는 모습이 보입니다. 조금 더 가만히 바라보면, 된장이 표면으로 떠오르거나 가라앉는다는 사실을 알 수 있습니다. 계속 관찰하면 된장은 중앙에서 솟아오르고 벌집 같은 부분으로 가라앉는 현상을 관찰할 수 있습니다.

부글부글 끓는 된장국을 그릇에 담으면 공기와 접촉하는 윗부분부터 식습니다. 그러면 내부는 따뜻하고 윗부분은 차가워지므로 온도 차가 생깁니다. 따뜻해져 가벼워진 된장국은 상승하고, 표면에 도달한 시점에서 공기와 접촉해 식거나 증발하며 온도가 낮아져 하강하는 움직임을 반복합니다. 된장국 곳곳에서 이런 현상이 일어나 벌집 같은 무늬가 생기는 것입니다.

된장국을
예로 드는 게….
조리에 맞아♡

이러한 현상을 '베나르 대류'라고 합니다. 하늘에서도 베나르 대류가 일어나기 때문에 조개구름이나 비늘구름이 형성됩니다.

상공에서는 무슨 일이 일어날까?

그럼 상공에서는 어떤 일이 일어나고 있을까요? 대기는 지표에서 높은 상공에 이르기까지 온도와 바람이 같지 않습니다. 조개구름이나 비늘구름이라고 부르는 권적운이 형성되는 고도는 비행기가 다니는 상공 10 km 전후 위치입니다.

따뜻한 공기 덩어리가 천천히 상승하다가 온도가 낮아져 수증기로 가득한 이슬점에 도달하면 구름이 발생합니다. 그러나 더욱 상공에 있는 차가운 공기가 흘러들어 오면 공기 덩어리는 더 이상 상승할 수 없습니다. 이때 그릇 속 된장국과 마찬가지로 공기 덩어리 윗부분이 식어 하강하게 됩니다. 하늘 곳곳에는 상승기류와 하강기류가 존재하기 때문에 작은 대류의 소용돌이가 발생하는데, 상승기류에서는 구름이 발생하고 하강기류에서는 온도가 상승해 구름이 사라집니다. 이런 식으로 상공에서 베나르 대류가 발생해 비늘구름이 형성되는 것입니다.

조개구름은 가을과 겨울에 잘 보입니다. 여름에는 태평양 고기압의 세력이 강하기 때문에 우리나라 상공에는 태평양에서 온 습한 공기가 떠다닙니다. 또한 태양의 고도도 높아서 기온이 높습니다. 그 결과 강한 상승기류가 발생해 비로 이어지는 두껍고 큰 구름이 형성됩니다. 가을이나 겨울에는 태양의 고도가 낮아서 기온이 높지 않아 지표의 열로 인한 상승기류의 양이 줄어듭니다. 게다가 대륙에서 이동해 오는 고기압의 영향이 강해 상공에 차갑고 건조한 공기가 들어와 권적운이 발생하기 쉬워집니다.

대류의 소용돌이

이것이 공통점!

조개구름의 형성 원리와 된장국 속 된장의 움직임 모두 온도 차에 의한 상승과 하강을 반복하는 '베나르 대류' 때문에 일어난다는 점이 일치합니다!

4 팽이의 운동처럼 회전하는 지구의 세차운동

북극성이 바뀐다고!?

북극성은 북쪽을 찾는 표지가 되는 별로, 현재 북극성은 작은곰자리의 알파성입니다. 북극성은 지구의 자전축 연장선상에서 빛나고 있기 때문에 지구가 자전하더라도 밤새도록 거의 같은 위치에서 보입니다. 게다가 430광년이라는 매우 먼 곳에 있기 때문에 지구가 태양 주위를 공전해도 위치가 거의 변하지 않습니다.

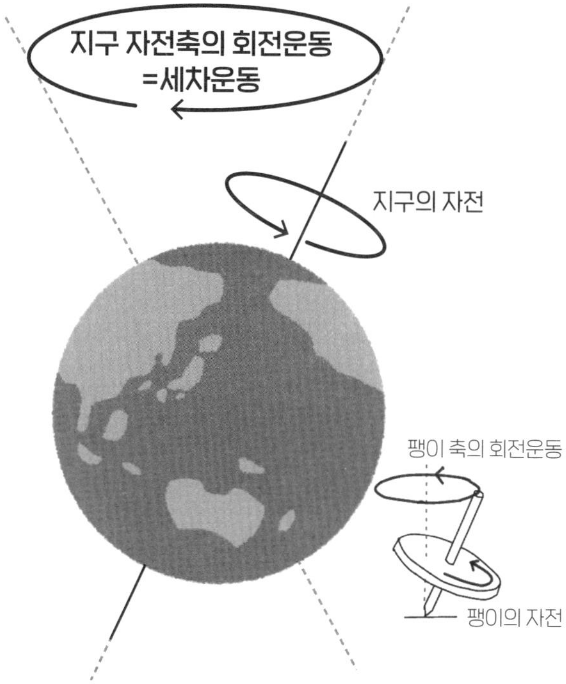

그런데 지구의 자전축은 공전면에 대해 약 23.5° 기울어져 있어서 약 2만 6,000년 주기로 한 바퀴 천천히 회전하고 있습니다. 이 움직임을 '세차운동'이라고 합니다. 이러한 자전축의 움직임 때문에 오랜 세월이 지나면 자전축의 연장선상에 있는 별도 바뀝니다. 피라미드가 만들어진 기원전 3,000년경에는 용자리의 투반이 북극성이었습니다. 지금으로부터 1만 2,000년 후에는 여름의 대삼각형여름밤 가장 밝게 빛나는 독수리자리의 견우성, 거문고자리의 직녀성, 백조자리의 데네브를 연결하면 만들어지는 거대한 삼각형을 이루는 거문고자리의 직녀성이 북극성 역할을 하게 될 것입니다.

팽이가 쓰러지지 않는 이유

멈춘 팽이는 바로 넘어져 버리지만, 기세 좋게 돌고 있는 팽이는 좀처럼 쓰러지지 않습니다. 그 이유를 어려운 물리 용어를 사용하지 않고 알기 쉽게 설명하겠습니다.

회전하고 있는 팽이는 관성의 법칙에 의해 끝없이 돌려고 합니다. 또한 회전하는 물체에 힘이 작용하면 그 힘과 직각 방향으로 다른 힘이 작용합니다. 만약 팽이의 회전축이 되는 중심봉이 기울면, 중력과 중력의 직각 방향으로 다른 힘이 작용하기 때문에 회전축은 기울기를 유지한 채로 천천히 축을 돌리는 세차운동을 합니다. 게다가 회전축이 닿는 면에는 마찰력이 작용하므로, 회전이 느려지고, 회전축의 기울기가 커지면 팽이는 쓰러집니다.

곤란하네….
세찬운동을 좋아한다니까….
같이 하자~
세찬(?) 운동

지구의 세차운동은 팽이의 세차운동

과 비슷하지만, 우주 공간에서는 마찰력이 작용하지 않습니다. 또한 자전으로 인해 회전하는 지구에 작용하는 태양이나 달, 행성의 인력은 기울어져 있는 지구의 자전축을 세우는 방향으로 작용합니다. 팽이와 달리 지구의 세차운동은 느려지지 않고, 자전축의 기울기는 그대로 유지합니다.

신석기시대에는 서울에서도 남십자자리가 보였다

현대에는 남십자자리나 태양에서 가장 가까운 항성인 켄타우루스자리 알파성은 제주도 남쪽 먼 바다에 가야만 볼 수 있습니다. 그러나 자전축의 방향이 바뀌면 남쪽 하늘에 보이는 별자리도 변합니다.

지금으로부터 약 6,000년 전인 신석기시대에는 서울에서도 남십자자리나 켄타우루스자리 알파성을 볼 수 있었습니다. 게다가 계절별로도 지금과는 다른 별자리를 올려다봤다고 합니다.

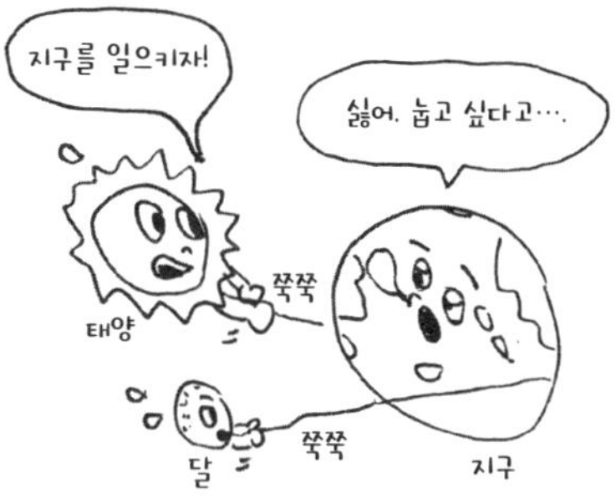

이것이 공통점!

지구나 팽이처럼 회전하는 물체에 힘이 작용하면 그 힘과 직각 방향으로 다른 힘이 작용해 '세차운동'이 일어납니다.

5 된장찌개가 끓어 넘칠 때 나타나는 불꽃색의 원리

불꽃놀이는 왜 형형색색일까?

여름 밤하늘을 수놓는 불꽃. 지금 전 세계에서 즐기는 불꽃놀이의 발상지는 중국입니다. 흑색화약은 9세기경에 발명된 이후 주로 무기로 사용되었지만, 축제 등에서 폭발음을 즐겼다고도 합니다. 흑색화약은 질산칼륨, 유황, 목탄이라는 세 가지 성분을 혼합해 만드는데, 지금도 불꽃놀이에는 흑색화약이 사용되고 있습니다. 일본에는 1543년에 포르투갈에서 다네가시마로켓 발사장인 다네가시마 우주센터가 있는 규슈 지방 가고시마 남쪽 오스미 제도에 있는 섬로 총포를 들여올 때, 흑색화약도 함께 전해졌습니다.

일본에서 폭죽을 쏘아 올리기 시작한 것은 에도시대부터입니다. 당시의 폭죽은 오늘날과 같은 각양각색이 아니라, 와비일본에서 가장 오래된 불꽃라고 부르는 오렌지색과 유황을 태운 어두운 파란색뿐이었습니다.

현대의 폭죽은 형태도 다양하고 각양각색인데, 선명한 폭죽 색을 내는 데는 원소의 '불꽃 반응'을 이용합니다. 불꽃 반응이란 특정 금속원소를 함유한 물질을 고온으로 가열했을 때, 원소의 종류에 따라 다양한 색의 빛을 발하는 현상입니다. 불꽃놀이의 여러 가지 색은 다양한 크기의 특정 화합물 가루를 화약에 섞어 불꽃 반응을 일으켜 만듭니다.

빨간색은 질산스트론튬, 탄산스트론튬 등과 같은 스트론튬화합물, 초록색은 질산바륨, 염소산바륨 등으로 만들고 노란색은 나트륨화합물, 파란색은 주로 탄산구리, 황산구리 등의 구리화합물로 만듭니다. 빨강, 초록, 노랑, 파랑 이외의 색은 다양한 화합물을 섞어서 만듭니다. 예를 들면, 스트론튬과 구리화합물을 섞어 보라색을 만드는 방식이 있습니다. 두 화합물을 섞으면 예쁜 보라색 불꽃이 나옵니다.

하얗고 반짝거리는 불꽃은 불꽃 반응을 이용하지 않고 주로 알루미늄, 마그네슘, 티타늄 등의 금속 가루를 사용합니다. 이 금속은 불꽃에 섞여 있는 산화제와 반응해 격렬하게 타면서 산화물이 될 때 대량의 열을 방출합니다. 그 결과 작은 입자가 3,000℃ 정도의 매우 높은 온도까지 올라가 하얗고 환한 빛을 발하는 것입니다.

불꽃 반응 일본에는 고등학교에서 화학을 배울 때 '리어카 없는 K 마을, 동력을 빌리려 하네. 빌려주지 않으니, 말의 힘을 쓰자.'라는 암기법이 있습니다. 뜻은 '옛날 옛적 어느 곳에 K라는 이름의 마을이 있었습니다. 그 마을에는 리어카가 없었습니다. 동력을 빌리기 위해 옆 마을에 부탁하러 갔지만, 동력을 빌려주지 않아서 말의 힘을 사용했습니다…….'라고 합니다.
이것은 원소의 불꽃 반응 '리튬(Li): 빨간색, 나트륨(Na): 노란색, 칼륨(K): 보라색, 구리(Cu): 청록색, 칼슘(Ca): 주황색, 스트론튬(Sr): 다홍색, 바륨(Ba): 황록색'을 외우기 쉽도록 하기 위해 만든 것입니다.

리어카는 리튬
음..
리튬은 빨강!
맞아
칼륨은 보라색
외우기 쉽네~

일상 속 불꽃 반응

된장찌개가 끓어 넘치면 가스레인지의 불꽃이 노란색으로 빛나는 현상이 일어납니다. 된장찌개에 함유된 소금, 즉 염화나트륨이 나트륨의 불꽃 반응을

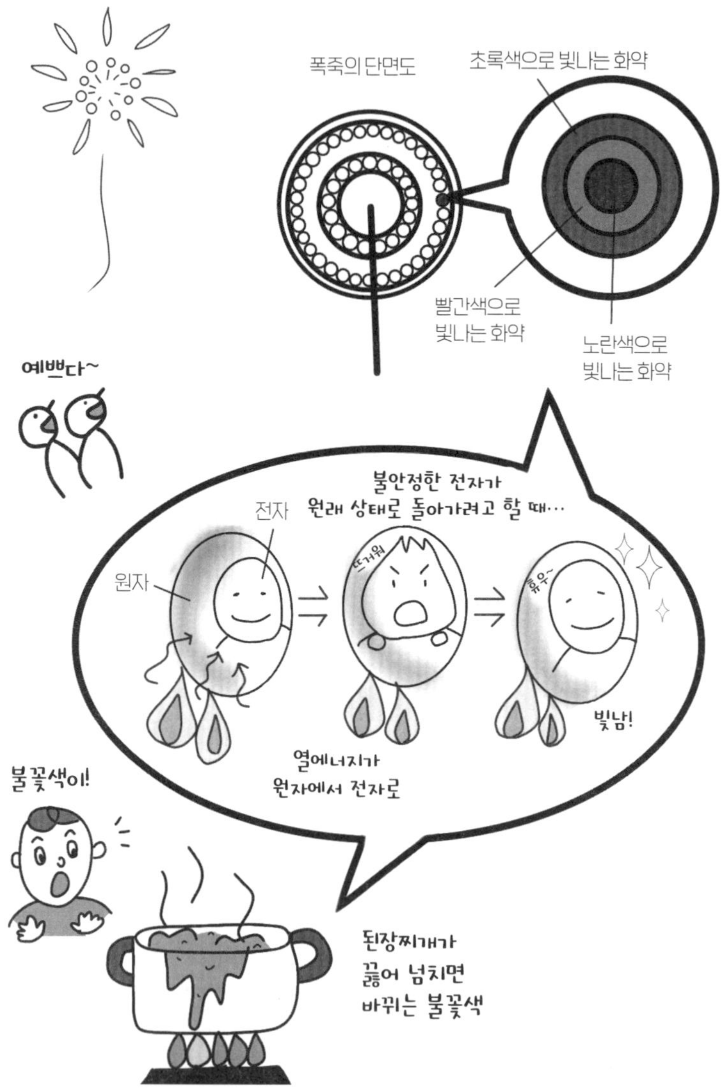

폭죽의 단면도
초록색으로 빛나는 화약
빨간색으로 빛나는 화약
노란색으로 빛나는 화약
예쁘다~
불안정한 전자가 원래 상태로 돌아가려고 할 때…
전자
원자
뜨거워
후우~
빛남!
열에너지가 원자에서 전자로
불꽃색이!
된장찌개가 끓어 넘치면 바뀌는 불꽃색

불꽃놀이와 가스레인지의 불꽃색이 변하는 이유

보이기 때문입니다.

20 cm 정도 길이의 구리선을 준비해 끝을 펜치로 빙글 감아서 둥글게 만듭니다. 그리고 가스레인지에 불을 붙여 철사 끝을 불꽃에 가까이 가져가 빨갛게 될 때까지 가열합니다. 그런 다음 식품보존용 랩이나 지우개에 꾹 누른 뒤, 다시 철사 끝을 불꽃에 가져다 대면 가스레인지 불꽃색과는 다른 녹색 불꽃을 볼 수 있습니다. 실험할 때는 화재나 화상에 꼭 주의해야 합니다.

가열된 구리는 랩이나 지우개에 포함된 염소와 반응해 염화구리로 변합니다. 철사 끝에 만들어진 염화구리를 불꽃에 대면 염화구리에 함유된 구리가 불꽃 반응을 일으키는 것입니다.

그럼 왜 불꽃의 색이 달라지는 것일까요? 불꽃 반응을 보이는 금속원소의 원자에 열에너지를 가하면 에너지가 원자 속에 있는 전자로 전달되고, 에너지를 받은 전자의 에너지 상태가 올라갑니다. 이런 불안정한 상태에서 다시 원래 상태로 돌아갈 때 빛을 발하면서 에너지를 내보냅니다. 빛의 색은 금속에 따라 다르기 때문에 폭죽처럼 가지각색의 불꽃을 만들어낼 수 있습니다.

부글부글
치익~
된장찌개의
노란색
불꽃~♪
염화나트륨

이것이 공통점!

불꽃놀이와 된장찌개가 끓어 넘칠 때의 불꽃 모두 금속 원자의 '불꽃 반응'으로 색이 변한다는 점이 일치합니다!

6 전기의 불균형을 없애자! 벼락과 정전기

겨울에도 벼락이 떨어진다고!?

여름에는 벼락을 자주 볼 수 있습니다. 일 년 동안 관찰되는 벼락의 절반 정도가 6월에서 8월 사이에 집중해 있습니다.

덥고 맑은 날 오후, 지면 근처에서 따뜻하게 데워진 공기가 상승기류로 바뀌어 적란운이 되면 벼락이 발생합니다. 울릉도 바깥 동해 먼 바다에서는 11~3월경에 동계뢰라고 부르는 벼락이 잘 발생합니다. 동계뢰는 하계뢰보다 낙뢰 수는 적지만, 에너지가 100배 이상에 달하기도 할 정도로 강력하다고 합니다. 동계뢰는 전 세계적으로도 희귀한 현상으로, 노르웨이의 대서양 해변과 동해 먼 바다에 한정되어 있습니다.

벼락은 어떻게 일어날까?

구름 내부에는 얼어붙은 작은 얼음 결정인 빙정이나, 이들이 합쳐진 알갱이가 전기를 머금으며 정전기가 쌓입니다. 작은 얼음 결정은 양전기를 띠어 적란운 상부에, 알갱이는 음전기를 띠어 대부분 얼음 결정보다 아래쪽에 분포합니다.

어이, 뇌신.
지금부터는 불꽃방전 님이라고 부르도록.

두 전기의 격차가 커지면, 이를 해소하기 위해 구름과 구름 사이 또는 구름과 지면 사이에 있는 공기 중으로 전기가 흐르는

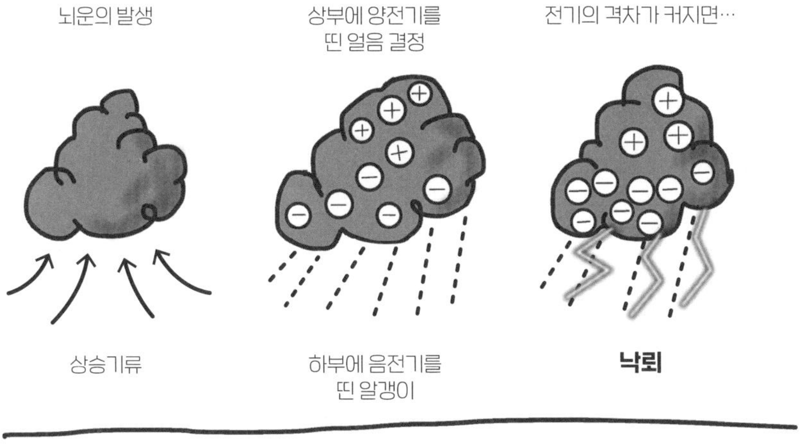

벼락의 형성 과정

뇌방전이 발생합니다. 이때 격렬한 번개가 발생하며 지면을 뒤흔드는 천둥이 칩니다. 그중에서 구름과 지면 사이에서 일어나는 불꽃방전이 낙뢰입니다.

정전기를 느끼는 계절, 겨울

방전은 일상에서도 일어납니다. 공기가 건조해지기 쉬운 겨울에 문고리 등을 건드리려고 하면 손끝이 따끔하며 저릿한 충격을 받을 때가 많습니다. 그 이유를 알아볼까요?

전기를 띤 물체는 금속이나 이온을 함유한 물, 공기 중의 습기와 같이 전기가 흐르는 물질이 있으면, 서서히 방전해 갑니다. 그러나 플라스틱이나 흡습성이 적은 섬유처럼 전기가 흐르기 어려운 물체인 절연체에서는 그렇지 않습니다. 전기가 모이는 것만으로는 움직이지 않습니다. 건조해서 물체 표면에 수분이 사라지면 방전이 잘 되지 않아 정전기가 쌓이기 쉽습니다. 이런 건조한 상태일 때 사람이 마루 위를 걸으면, 바닥이 0볼트라고 가정할 때 마루와

정전기의 불균형을
해소하기 위해 방전이
일어남

정전기의 원리

발바닥의 마찰로 사람에게 2만 볼트나 되는 정전기가 쌓입니다.

문고리는 문에 붙어 있고 금속이나 나무로 만들어진 문은 대개 마루와 닿아 있습니다. 따라서 문고리는 0볼트입니다. 거기에 2만 볼트의 정전기를 가진 사람이 다가가니 '빠직!' 하고 방전이 일어납니다. 벼락과 마찬가지로 전기의 차이를 해소하려고 하기 때문입니다.

으악!
따끔
2만 볼트
대전 중
0볼트
『방전 이야기』
(0과 2만의 만남♡)

따끔하지 않으려면

정전기 예방책 중 하나로 금속제 열쇠나 볼펜 등으로 문고리에 먼저 접촉하는 방법이 있습니다. 평소처럼 문고리에 손을 대면, 방전에 의한 불꽃 전류가 매우 좁은 한 지점으로 모여 흘러, 신경이 민감하게 반응합니다. 그런데 금속 조각을 먼저 접촉하면 금속 조각을 쥐고 있는 손 전체로 전류가 분산하기 때문

벼락 벼락이 떨어지면 재해가 발생해 인명피해까지도 발생합니다. 벼락의 위험에서 몸을 지킬 수 있는 방법을 소개합니다.

① 건물 안으로 피난한다. 철근 콘크리트 또는 목조 건축물, 자동차(오픈카는 안 됨), 버스, 열차 등은 비교적 안전하다.

② 전봇대, 연통, 철탑, 건축물 등 높은 물체의 꼭대기에서 45˚ 각도 이내, 4 m 이상 떨어진 곳(안전지대)으로 피난한다.

③ 높은 나무의 줄기, 가지, 잎에서 최소한 2 m 이상 떨어진다.

④ 가급적 낮은 곳으로 이동하며, 자세도 낮춘다.

에 신경으로 가는 자극이 적어집니다. 또는 일단 주먹을 쥐고 문고리를 건드리거나 손바닥 전체로 문고리를 잡는 방법도 있습니다.

다른 예방책도 있습니다. 문고리를 잡기 전 나무나 콘크리트 벽에 손을 대는 것입니다. 벽은 바닥과 접지해 있어서 사람에게 모인 정전기가 빠져나갈 수 있습니다. 가까이에 벽이 없을 때는 문을 만지는 것도 좋습니다.

이것이 공통점!

벼락과 겨울철 정전기 모두 한군데 모인 정전기의 양전기와 음전기의 불균형을 해소하기 위해 일어나는 현상입니다.

7 바닷물의 염분은 신 귤에 뿌리는 베이킹소다로 설명할 수 있다!

바다라는 거대한 용액

우주에서 본 지구는 푸른 바다와 하얀 구름에 둘러싸여 아름답게 빛나고 있습니다. 지구 표면적의 약 70%가 바다이기 때문입니다. 바다는 육지 이외의 장소에 소금물이 차 있는 부분입니다. 태양계 내에서 표면이 대량의 액체 상태의 물로 덮여 있는 행성은 지구가 유일합니다.

지구상에 있는 바다의 표면적은 대략 3억 6,000만 km^2에 달하며, 평균 수심은 약 3,700 m로 이는 제주도 한라산 높이의 두 배 정도의 깊이입니다. 그러면 바닷물의 부피는 약 3억 6,000만 km^2 × 3.7 km = 13억 3,200만 km^3라고 계산할 수 있습니다. 지구상에 존재하는 전체 물의 양이 약 14억 km^3라고 하니, 그중의 대부분이 바다에 속해 있다고 할 수 있습니다.

바닷물에는 여러 가지 물질이 녹아 있습니다. 보통 바닷물에는 1 L당 32~38 g의 다양한 물질이 녹아 있으며, 그중 약 78%가 소금의 주성분인 염화나트륨입니다. 이것이 바닷물이 짠 이유입니다. 다음으로 많은 성분은 약 11%의 염화마그네슘입니다. 만약 바닷물이 전부 증발하면 수십 미터 두께의 소금이 바다를 덮을 수 있다는 수치가 나옵니다. 퍼센트 농도100 g의 용액 속에 녹아 있는 용질의 g 수로 약 3.5%가 바다에 녹아 있으므로 막대한 양의 염분이 녹아 있는 것입니다.

지구에 자연적으로 존재하는 원소는 90종 정도인데, 미량 성분까지 포함하면 대부분이 바닷물에 녹아 있습니다. 게다가 바닷물에는 염분 외에도 대기

바닷물 다음 표는 바닷물에 함유된 주요 이온입니다.

바닷물	농도(g/kg)
염화이온	19.350
나트륨이온	10.760
황산이온	2.712
마그네슘이온	1.294
칼슘이온	0.412
칼륨이온	0.399
탄산수소이온	0.145
브롬화이온	0.067

나트륨이온
염화이온
칼슘이온
이온으로 가득하군….
황산이온
마그네슘이온
앗! 이온이 살아 있어….
말도 안 되는 소리 마!

의 성분인 산소, 질소, 이산화탄소, 아르곤 등이 녹아 있습니다. 녹아 있는 기체 중 산소는 해양생물의 호흡에 쓰이며, 이산화탄소는 식물 플랑크톤이 광합성 작용을 통해 유기물을 만드는 재료가 됩니다.

바닷물이 모조리 증발하면…
10 m 두께의 소금이 바다를 뒤덮음
그런 일이 벌어지면 어떻게 하나~!

바닷물의 염분은 어디서 왔을까?

원시 태양계에는 무수한 미행성원시행성을 이루는 먼지와 기체 입자가 결합하여 만들어진 지름 약 1 km 정도의 행성이 떠다녔습니다. 미행성들은 충돌을 반복하며 하나로 합쳐져 커다란 행성으로 성장하기 시작했는데, 이것이 바로 지구나 다른 행성의 조상입니다. 지구의 기원이 된 미행성에는 다량의 물이 포함되어 있었고, 운 좋게도 이 물은 지금까지도 유지되고 있습니다.

원시 지구가 성장함에 따라 주로 수증기나 이산화탄소로 이루어진 원시 대기의 온실효과로 인해 열이 빠져나가지 못하게 되었습니다. 그리고 미행성이 지니고 있던 에너지로 지표가 점점 뜨거워지고 결국 지구가 녹으면서 '불덩어리' 상태가 되었습니다. 지표는 걸쭉하게 녹은 마그마로 뒤덮였는데, 이 상태를 마그마의 바다라는 뜻의 '마그마 오션'이라고 부릅니다. 마그마 오션은 원시 지구가 현재 크기로 성장하기까지 쭉 이어졌습니다.

충돌하는 미행성이 줄어들면서 지표에서 방출되는 에너지가 줄어들었고, 지표와 대기의 온도가 낮아졌습니다. 마침내 어느 순간, 대기를 채우고 있던 수증기가 비가 되어 내리기 시작했고, 원시 바다가 형성되었다고 합니다.

이때 질소, 이산화탄소, 물, 염화수소, 유황 등의 휘발성 성분이 기화해 대기나 바닷물을 이루는 성분이 되었습니다. 염화수소는 물에 녹으면 염산이 됩니다. 비에 함유된 염산은 암석과 만나 나트륨 등의 양이온 성분을 녹였고, 중화반응을 일으켜 암석 속 나트륨이나 마그네슘 등이 염산 속 염소와 결합하며 다양한 염류를 만들어냈습니다.

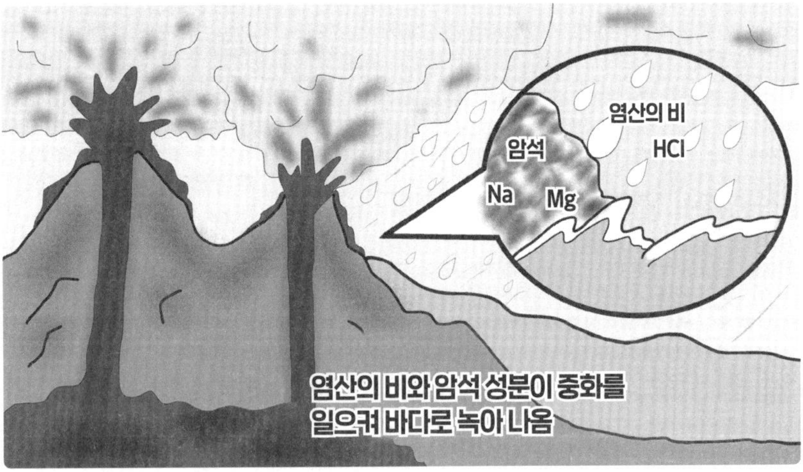

비와 암석이 중화하며 바다를 이룬 원시 지구

이렇게 바다는 염화나트륨이나 염화마그네슘 등의 용액으로 이루어지게 되었습니다. 염산과 암석 성분과의 중화반응은 신 귤에 베이킹소다라고도 불리는 탄산수소나트륨 $NaHCO_3$을 뿌리면 시큼함이 덜해지는 현상과 기본적으로 같습니다.

중화~♡
쪽~
시큼한 귤의 키스♡

신 귤 = 산성
베이킹소다 = 알칼리성
중화시키면…
시지 않아!

신 귤의 응급처치법

이것이 공통점!

바닷물에 함유된 염류는 산성의 비와 암석 성분이 중화되면서 발생한 수용성 염류입니다. 신 귤에 베이킹소다를 뿌렸을 때 신맛이 줄어드는 '산과 알칼리의 중화반응'과 같습니다!

8 탄산음료처럼 분출하는 화산의 분화

화산대국 일본

일본 하면 화산이 많은 나라로 알려져 있는데, 정말 그렇게나 많을까요? 활화산 수로 나라별 순위를 따져 보면, 1위인 미국이 약 180개, 2위인 러시아가 약 150개, 3위인 인도네시아가 약 140개, 일본은 111개로 4위입니다. 좁은 국토 안에 이 정도 수의 화산이 있으니 밀집도는 매우 높습니다. 활화산은 전 세계에 약 1,500개 정도 있다고 하므로, 전 세계의 0.25%밖에 안 되는 국토를 가진 일본에는 4개만 있으면 충분합니다. 그런데 111개나 있으니, 세계 평균의 30배 정도 존재한다고 보면 됩니다. 그야말로 화산대국이라 할 수 있습니다.

화산이라고 하면 가장 먼저 떠오르는 것이 분화입니다. 커다란 분석4~32 mm의 다양한 크기를 가진 화구에서 분출되는 암석의 파편을 먼 곳까지 뿜어 날리거나 15,000 m 이상인 성층권까지 연기를 뿜어 올리는 힘은 짐작조차 할 수 없습니다. 이 힘의 근원은 대체 무엇일까요?

분화의 원리

이산화탄소인 탄산가스는 압력이 높아질수록 액체에 많이 녹는 성질이 있습니다. 이 성질을 이용해 음료에 억지로 대량의 탄산가스를 녹여 넣은 것이 탄산음료입니다. 따라서 탄산음료를 개봉하면 압력이 낮아지기 때문에 천천히 기화하여 발포가 일어납니다. 그런데 탄산음료를 흔든 다음 열면 내용물이 세차게 뿜어져 나올 때가 있습니다. 뚜껑을 열기 전 용기를 흔들어 내용물을 자

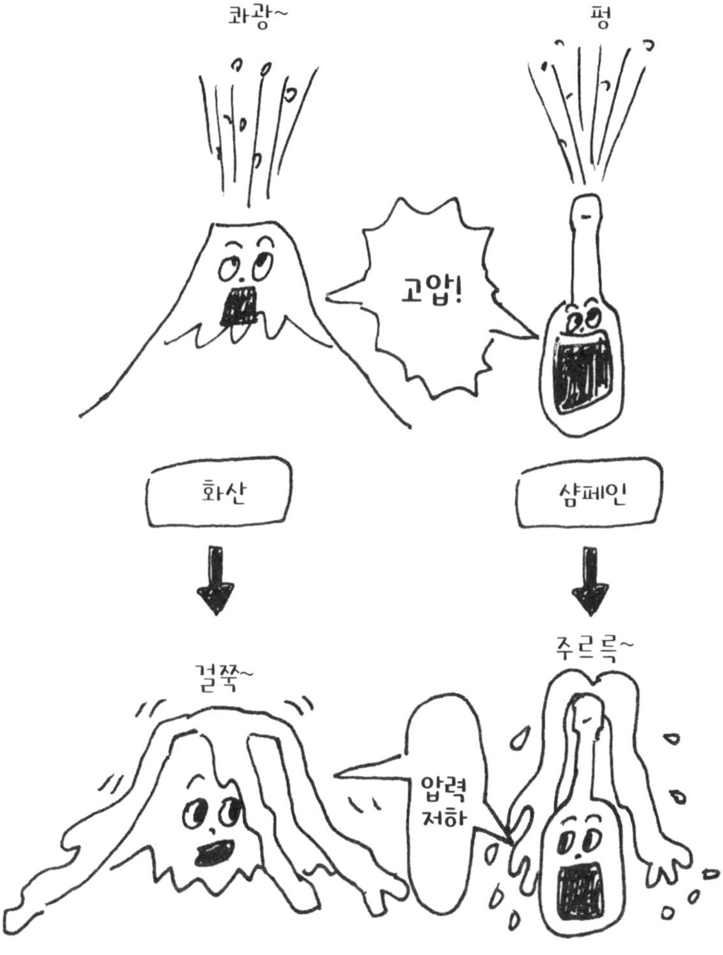

극하면 기화가 촉진되는데, 그 상태에서 열면 음료가 한꺼번에 부피가 늘어나 출구를 찾아서 뿜어져 나오기 때문입니다.

사실 지하 깊은 곳에서 고압 상태로 존재하는 마그마에도 수증기나 탄산가스 등의 가스 성분이 대량으로 녹아들어 있습니다. 이 마그마가 지표 근처까지 상승하면 압력이 낮아지며 기화가 한 번에 진행되고, 부피가 늘어난 마그마가 출구를 찾다가 암반이 약한 곳을 뚫고 지표로 뿜어져 나오는 것이 '분화'입니다. 그래서 화산의 분화는 폭발이 아니라, 지하에서 천연 샴페인이 뿜어져 나오는 것이라 비유할 수 있습니다.

이 원리를 알면 화산의 분화에 대해 더 많은 사실을 이해할 수 있습니다. 예를 들어, 처음에는 높은 상공으로 연기를 뿜어 올리는 폭발적인 분화를 일으킨 뒤, 화구에서 용암액이 흘러나오는 분화로 교체하는 화산이 많습니다.

이는 탄산음료의 분출과도 일치하는 현상으로, 처음에는 내용물을 높은 곳까지 뿜어 올리고 그 뒤 입구에서 기포와 함께 음료가 흘러넘칩니다. 둘 다 처음에는 액체 속에서 한 번에 기화가 진행하여 고압의 내용물을 높은 곳까지 뿜어 올리고, 가스가 어느 정도 빠져나가면 압력이 낮아져 액체 성분이 남은 가스에 휘감겨 천천히 나오는 것입니다.

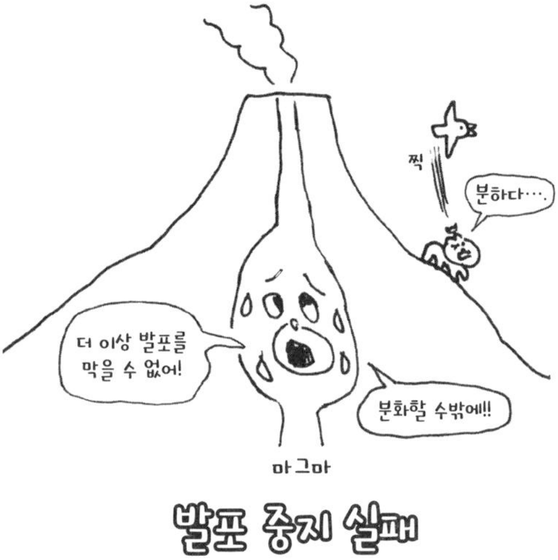
찍
분하다….
더 이상 발포를 막을 수 없어!
분화할 수밖에!!
마그마
발포 중지 실패

또한 발포한 마그마가 공기 중으로 뿜어져 나온 뒤 그대로 식어서 굳은 것이 부석화산 폭발 시 나오는 분출물 중 구멍이 많이 나 있고 비중이 작아 물에 뜨는 지름이 4mm 이상인 암석입니다. 부석은 마그마 속에서 발포 현상이 일어난다는 사실을 잘 보여줍니다.

이것이 공통점!

화산의 분화와 탄산음료의 분출 모두 액체 속 가스 성분의 '기화'가 원인입니다.

9 형광등처럼 빛나는 오로라의 원리

형광등이 빛나는 원리

저는 캐나다의 옐로나이프대표적인 오로라 관광지로 유명한 캐나다 북서부 노스웨스트 준주의 주도라는 고위도에 위치한 도시에 오로라를 보러 간 적이 있습니다. 하늘하늘한 빛이 커튼처럼 펄럭이거나 소용돌이치는 다양한 오로라의 모습을 평생 꼭 한 번 보고 싶었기 때문입니다.

영하 35℃의 추운 날씨 속에서 빛나는 오로라를 즐길 수 있었습니다. 오로라는 태양 활동이 활발할 때 잘 보이는데, 오로라가 빛나는 원리와 형광등이 빛나는 원리는 같습니다. 그럼 지금부터 형광등이 빛나는 원리에 대해 알아봅시다.

형광등 내부에서는…

형광등은 양끝에 전극이 붙어 있는 원통형 유리관입니다. 형광등의 전극은 텅스텐 필라멘트로, 이미터라고 합니다. 텅스텐은 백열전구의 필라멘트에도 사용하는 고온에도 잘 녹지 않는 금속이며, 이미터는 전자를 방출하는 물질입니다. 그리고 유리관 안에는 아르곤 등의 비활성 기체화학적으로 안정되어 다른 원자와 잘 반응하지 않아 기체로 존재하는 원소와 증기 상태의 수은이 조금 들어 있고, 유리관 안쪽 벽에는 형광물질이 발라져 있습니다.

스위치를 켜면 전극에 높은 전압이 가해지면서 이미터에서 전자가 튀어나옵니다. 이 전자를 '열전자'라고 합니다. 뿔뿔이 흩어져 관 속을 어지러이 날아

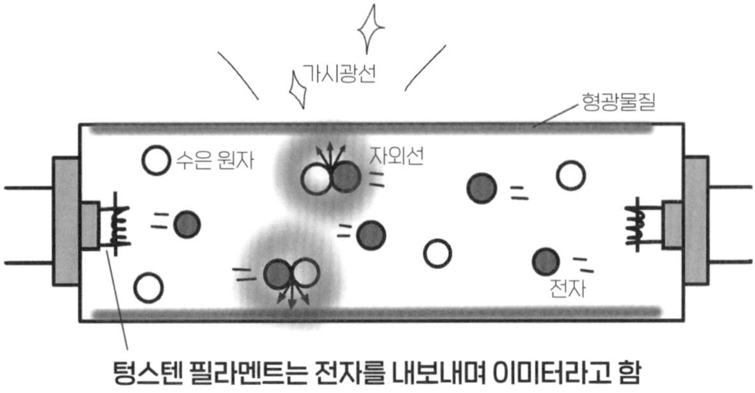

형광등이 빛나는 원리

다니는 수은 원자에 열전자가 고속으로 부딪치면 그곳에서 자외선이 방출됩니다.

자외선은 사람이 볼 수 있는 빛인 가시광선보다 파장이 짧고 에너지가 강한 눈에 보이지 않는 빛으로, 피부를 검게 태웁니다. 눈에 보이지 않는 자외선은 관 안쪽 벽에 발라져 있는 형광물질과 부딪치면 가시광선이 되어 관 바깥쪽으로 방출됩니다. 이것이 형광등이 빛나는 원리입니다.

오로라가 빛나는 원리

형광등과 오로라의 빛나는 원리가 같다는 말은 무슨 뜻일까요? 열전자가 수은 원자에 부딪치면서 발생하는 자외선이 핵심입니다. 형광등 내부의 수은 원자는 안정한 에너지 상태인 바닥상태에서 어느 지점에 부딪힌 전자로부터 에너지를 받아 높은 에너지 상태인 들뜬상태로 바뀝니다. 그러면 불안정한 들뜬상태에서 안정한 바닥상태로 돌아가려 하는데, 이때 전자로부터 받은 에너지

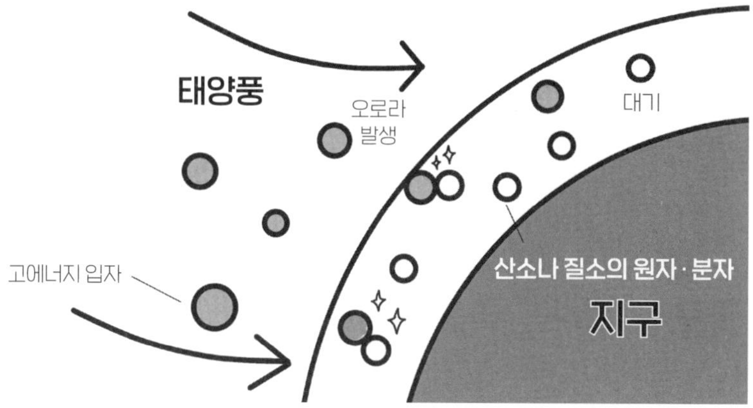

오로라가 빛나는 원리

만큼 빛에너지로 방출합니다.

태양에서 온 전자나 양자와 같은 높은 에너지 입자가 지구의 대기와 부딪치면 대기 중의 산소나 질소의 원자, 분자가 들뜬상태로 바뀝니다. 이것이 다시 바닥상태로 돌아갈 때 녹색이나 빨간색 빛을 발하는데, 이것이 바로 오로라입니다.

오로라가 극지에서 보이는 이유

그럼 오로라는 왜 극지방에서 보이는 것일까요? 지구는 거대한 자석입니다. 북극 가까이에는 자북극자석의 S극이 있고 남극 지각에는 자남극자석의 N극이 있습니다. 그래서 지구 주변은 자기권으로 둘러싸여 있습니다.

태양풍에서 온 전기를 띤 전자나 양자가 지구의 자기권으로 들어오면 가속하다가 지구의 대기와 부딪치는 장소가 있습니다. 그곳이 극지방의 특정 장소입니다.

오로라를 볼 수 있는 오로라대는 우주에서 보면 도넛 모양으로 보입니다.

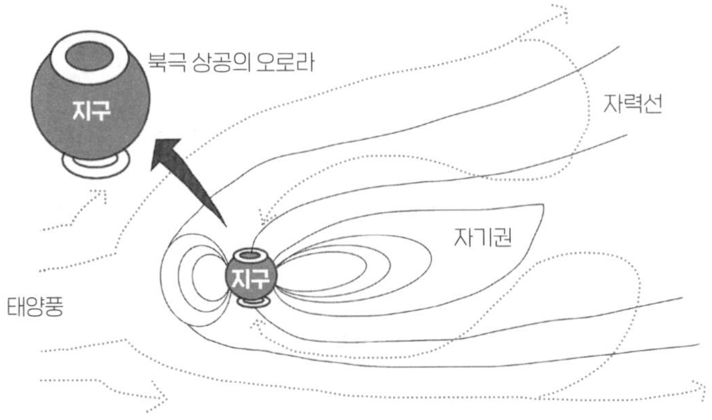

오로라가 발광하는 높이는 100~400 km 정도로, 약 100 km의 유성이 빛나는 높이나 약 400 km의 국제우주정거장의 높이와 가깝습니다. 그래서 국제우주정거장에서는 바로 밑에 있는 오로라를 볼 수도 있습니다.

오로라대 밑으로 가더라도 오로라를 보지 못할 때도 있습니다. 오로라의 발생은 태양 플레어태양의 채층이나 코로나 하층부에서 돌발적으로 다량의 에너지를 방출하는 현상, 코로나의 지구 자기권 충돌, 코로나 구멍자외선이나 엑스선으로 태양을 관찰했을 때 주변보다 밀도, 온도, 압력이 낮아 어둡게 보이는 영역의 생성과 같은 태양의 활동과 깊은 관계가 있습니다. 특히 코로나 구멍은 약 11년 주기의 흑점 주기 후반에 같은 장소에서 한 달 동안 일정한 개수를 유지하므로, 오로라 투어를 하는 여행사는 그 기간을 '오로라 극성수기'로 정해 놓았습니다.

오로라는 여름에는 거의 볼 수 없고 겨울에 자주 보이는데 그 이유는 기온 때문이 아닙니다. 겨울에는 극야극지방에서 겨울에 해가 뜨지 않고 밤이 지속되는 기간나 백야고위도 지방에서 여름에 해가 지지 않는 현상로 하늘이 어둡고 쾌청한 날에는 복사 냉각어떤 물체가 복사열을 흡수하는 양보다 방출하는 양이 많아 기온이 내려가는 현상으로 인해 하늘이 선명하기 때문입니다.

오로라는 산소 원자의 발광으로 인해 100~200 km 근처에서는 연두색,

200 km 이상에서는 진한 빨간색의 발광색이 많이 보입니다. 상공 100 km 근처에서는 드물게 질소 분자가 내는 분홍색 오로라가 출현하기도 합니다. 투명한 공기가 빛나는 것이기 때문에 각각의 색이 겹쳐져 노란색이나 오렌지색으로 보이기도 합니다.

쿠~웅!
고
고
부딪치는 고에너지 원자

번쩍번쩍
반짝반짝
휴~ 안정됐다~

이것이 공통점!

오로라와 형광등 모두 전자나 양자가 원자와 부딪쳐 형성된 불안정한 상태에서 '안정한 상태'로 돌아갈 때 빛을 발합니다.

10 일본열도에 쌓이는 퇴적물은 부침개로 설명할 수 있다!

일본열도의 구조

일본의 동북부는 북아메리카판 위에 있으며 동쪽에서 다가오는 태평양판은 열도 아래로 가라앉고 있습니다. 한편, 서남부는 유라시아판 위에 있으며 동남쪽에서 다가오는 필리핀해판은 열도 아래로 가라앉고 있습니다. 판이 가라앉는 장소는 깊은 도랑 형태로 되어 있는데, 각각 일본 해구와 난카이 해곡이라고 부릅니다. 해구의 위치는 지진의 진원 분포 등을 분석해 예상하고 있었으나, 최근에는 인공 지진을 이용한 반사법 탄성파탐사 등을 이용해 지하 구조를 확실히 볼 수 있게 되었습니다.

그러자 해구수심 6,000 km보다 깊은 골짜기나 해곡수심 6,000 m보다 얕은 골짜기과

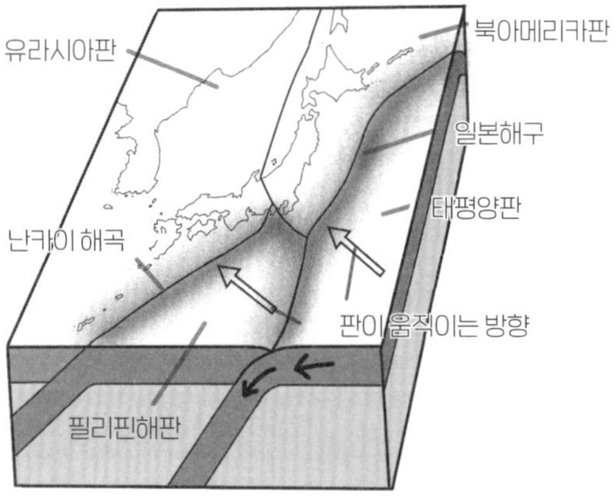

판의 움직임으로 생성된 일본열도

같이 판이 가라앉는 장소에 무언가 이질적인 것이 끼어 있다는 사실을 발견했습니다. 이것은 도대체 무엇일까요?

일본열도는 찌꺼기섬!?

프라이팬으로 부침개를 부칠 때를 떠올려 보세요. 부침개를 부치면 프라이팬 위에 찌꺼기가 남습니다. 그래서 부침개를 더 부치려면 뒤집개로 찌꺼기를 긁어모아 제거해야 합니다. 이때 대부분 뒤집개를 움직여 찌꺼기를 한 군데로 모읍니다. 그런데 반대로 뒤집개를 고정한 상태에서 프라이팬을 움직여 보면 어떨까요? 어처구니없을 정도로 귀찮겠지만, 이 방법으로도 뒤집개 끝에 찌꺼기를 모을 수 있습니다. 사실 일본열도에서는 이와 같은 일이 벌어지고 있는 것입니다.

태평양판이나 필리핀해판과 같은 해양판은 태평양의 동쪽 해령에서 탄생해 해구 등으로 가라앉을 때까지 매우 오랜 시간이 걸립니다. 특히 태평양판이 해령에서 일본해구에 도착하기까지는 약 2억 년이나 걸립니다.

해양판 위에는 오랜 시간 동안 쌓인 바닷속 플랑크톤의 사체 등이 두꺼운 퇴적물을 이루고 있으며, 이것이 퇴적암으로 굳어 있습니다. 퇴적물이나 퇴적암을 실은 해양판이 해구에 도착해 대륙판 아래로 가라앉으면, 퇴적물이나 퇴적암은 떨어져 나와 쭈글쭈글하게 접히거나 갈기갈기 찢어지며 대륙판에 붙습니다.

일본열도
찌꺼기? 쓰레기?
딱히 열등감은
느끼지 않아~

이런 장소를 '부가체'라고 합니다. 일본의 지질 구조를 잘 살펴보면 해구나 해곡에서 대륙 쪽으로 달라붙은 오래된 부가체가 순차적으로 늘어서 있는 모습을 발견할 수 있습니다. 일본열도는 해양판 위에 모인 퇴적물

이 해구에서 깎여 떨어져 나가 대륙판에 붙어 성장한 것입니다.

앞에서 든 예로 비추면 프라이팬이 해양판, 뒤집개가 일본열도가 놓인 대륙판, 뒤집개 끝에 모인 찌꺼기가 부가체입니다. 부가체, 즉 뒤집개 끝에 모인 찌꺼기가 성장해 생긴 섬이 일본열도로, 일본열도는 '찌꺼기섬'이라 할 수 있습니다.

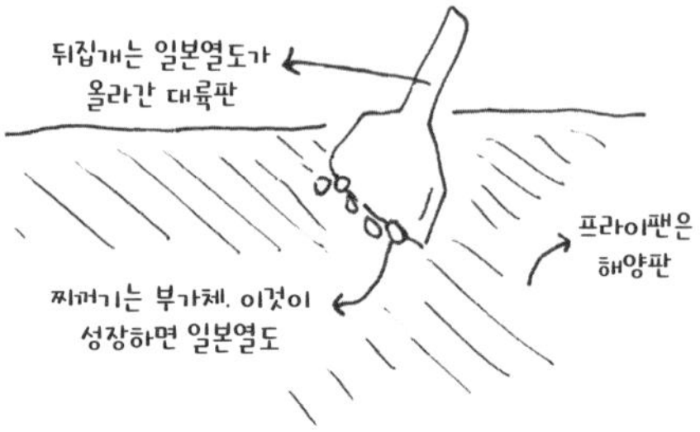
뒤집개는 일본열도가
올라간 대륙판
프라이팬은
해양판
찌꺼기는 부가체. 이것이
성장하면 일본열도

열도나 산맥에 많은 찌꺼기섬!

부가체로 이루어진 땅은 일본열도뿐만 아니라 세계 곳곳에서 볼 수 있습니다. 일본처럼 판끼리 충돌해 생긴 장소로, 부가체가 해저에 쌓이면 '열도', 대륙 위에 쌓이면 '대산맥'이 됩니다. 알류샨열도나 난세이제도, 히말라야산맥과 안데스산맥, 유럽의 알프스산맥 등이 그 대표적인 예입니다.

예전부터 히말라야나 알프스처럼 표고가 높은 산맥에서 암모나이트와 같은 고대 해양생물 화석이 풍부하게 발굴되는 이유는 수수께끼였습니다. 만약 이곳이 부가체라면 전혀 이상한 일이 아닙니다.

기념품으로♡
그건 가지고
갈 수 없어!
『부가체의 증거』

이것이 공통점!

일본열도 생성의 열쇠를 쥔 부가체나 뒤집개에 붙은 찌꺼기 모두 판 위의 '찌꺼기가 떨어져서 모인 것'입니다.

알고 보면 단순한 과학의 원리

2장

11 수증기가 이슬로 변하는 현상을 이용한 발열섬유

물의 세 가지 상태

물질은 약 1억 배 확대해도 거의 1 cm밖에 안 되는 극히 작은 원자나 분자가 대량으로 모여 이루어져 있습니다. 물은 '얼음·물·수증기'라는 세 가지 상태가 존재하며, 이는 물 분자가 어떻게 뭉쳐있는지에 따라 차이가 납니다.

고체와 액체는 물 분자가 서로 달라붙어 있습니다. 분자 한 개는 매우 작아서 눈에 보이지 않지만, 막대한 수의 분자가 달라붙어 고체나 액체가 되면 우리는 그 모습을 볼 수 있습니다. 우리 주변의 공기 기체 분자는 뿔뿔이 흩어져 있는데, 1초 동안 수백 미터라는 엄청난 속도로 자유롭게 날아다니고 있습니다.

액체 분자는 분자끼리 서로 끌어당기고 있습니다. 이 점은 고체와 닮았지만, 기체와 비슷한 면도 있습니다. 용기에 따라 형태가 달라진다는 성질입니다. 고체는 용기에서 꺼내도 원래 형태를 그대로 유지하지만, 액체는 형태를 유지하지 못하고 흘러 버립니다. 액체 분자는 서로 달라붙어 있고 끌어당기고 있지만, 정해진 위치에서 움직이지 않는 고체 분자와 달리 이곳저곳으로 움직일 수 있기 때문입니다. 액체 분자의 결합은 고체 분자의 결합보다 느슨하기 때문에 서로 위치를 교체할 수 있는 여유가 약간 있습니다.

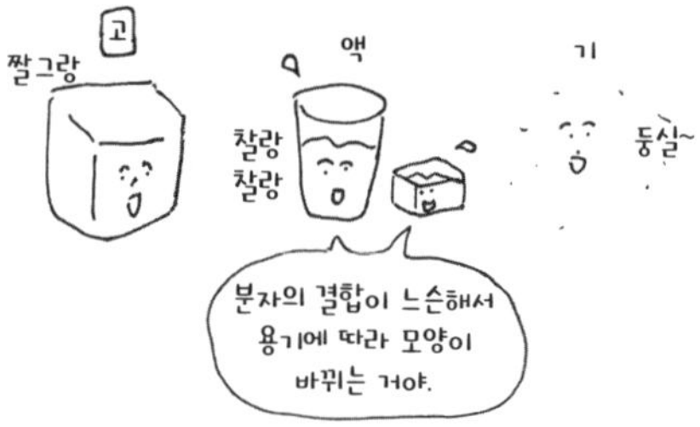

물의 변화에 중요한 요소 '열'

액체 상태의 물을 가열하면 즉, 외부에서 에너지를 가하면 수증기가 됩니다.

물 + 열 → 수증기

이때의 열이 기화열입니다. 물은 주변에서 기화열을 빼앗아 수증기가 됩니다. 거꾸로 수증기가 물이 되어 이슬이 되면 다음과 같습니다.

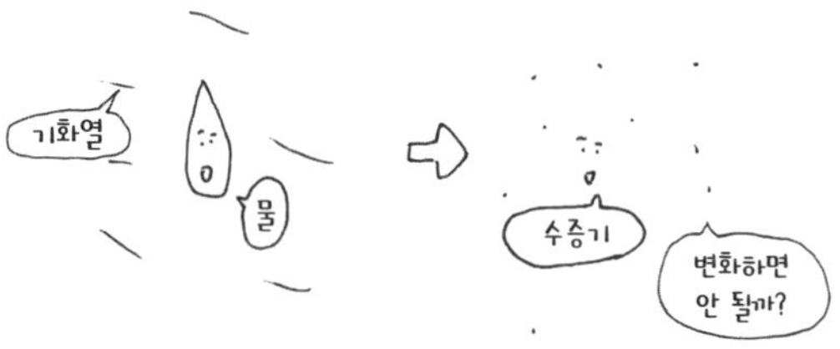

수증기 → 물 + 열

하나하나의 수증기가 액화해 액체의 물인 이슬이 되면 주변으로 열을 방출합니다. 즉, 주변의 온도가 올라갑니다. 이때의 열은 액화열입니다.

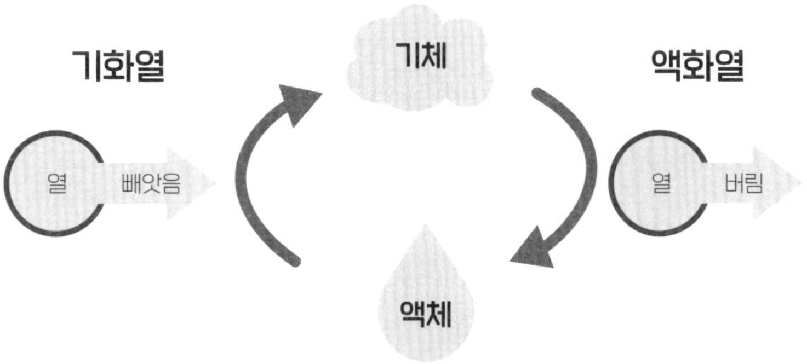

'액체 ⇄ 기체'와 열의 관계

'히트텍'은 왜 따뜻할까?

양모는 인체에서 나오는 수증기를 흡수해 물로 바꾸는 능력이 뛰어납니다. 이때의 액화열을 이용하면 따뜻해지는 성질이 있기 때문에 인간은 양모를 오래 전부터 사용해 왔습니다. 그러나 양모는 비싸고 부피가 크며 가정에서 세탁할 수 없다는 단점이 있습니다. 그래서 양모보다 조직을 미세하게 만들어 전체 표면적을 높임으로써 수분을 더욱 많이 함유하게 한 합성섬유를 개발했습니다. 바로 '흡습 발열 소재'입니다.

일본의 패션 브랜드 유니클로에서는 2003년에 '히트텍'이라는 상품을 발표했습니다. 화학섬유 회사 사이에서는 수분 흡수율이 낮은 화학섬유에 어떻게 많은 양의 수증기를 붙잡아 넣을 것인지 경쟁을 벌이고 있습니다. 그러나 아무리 흡습 발열 소재라도 수분이 포화 상태가 되면 찌는 듯한 불쾌함을 느끼게 되고 온도도 낮아집니다.

보온성의 열쇠는 '공기'

흡습 발열 소재를 활용하기 위해서는 보온성이 중요합니다. 보온성은 공기와 큰 관계가 있습니다.

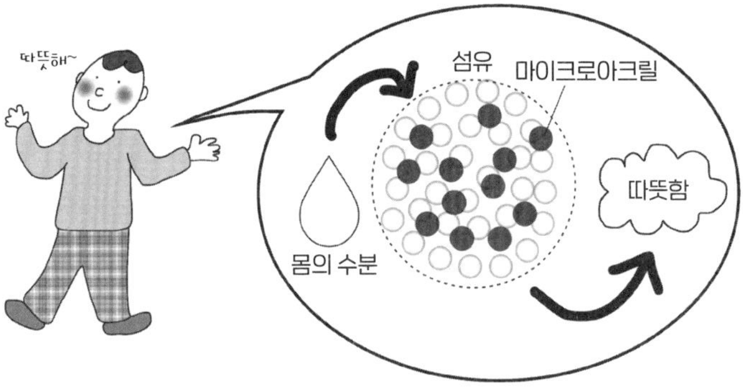

발열섬유의 원리

울 스웨터를 예로 들어 봅시다. 스웨터는 직조가 성기기 때문에 통기성이 좋아 바람이 숭숭 통할 것 같지만, 울은 열전도율이 낮아서 잘 차가워지지 않습니다. 또 자잘한 보풀이 공기를 붙잡고 있어 섬유 속 공기가 움직이지 않아 체온을 유지하는 효과가 높습니다. 그래서 체온으로 데워진 섬유 속 공기가 몸을 뒤덮어 외부 기온을 차단해 줍니다.

물새의 깃털은 미세한 깃털 틈 속에 공기를 가득 머금습니다. 다운재킷 등은 천에 함유된 공기의 비율이 98% 이상인 소재로 깃털을 감싸고 있어서 단열보온성이 뛰어납니다.

푸석푸석해…
북극성에는
보습성이 없네.

면은 섬유 내부가 들뜬 구조로 이루어져 있어 그곳에 대량의 공기를 머금기 쉽기 때문에 보온성도 뛰어납니다. 히트텍은 레이온 바깥쪽에 마이크로아크릴이라는 극히 미세하게 가공한 아크릴을 부착해 섬유와 섬유 사이에 생성된 공기층인 에어포켓이 커지도록 했습니다.

이것이 공통점!

히트텍 등의 흡습 발열 소재는 수증기가 물이 될 때 주변에 방출하는 '액화열'을 이용합니다.

12 인덕션의 원리는 전력량계로 설명할 수 있다!

인덕션의 원리

인덕션은 전자 유도 가열이라는 뜻입니다. 인덕션은 냄비 자체에서 열이 발생하기 때문에 가스레인지나 전열선을 사용한 전기레인지에 비해 발생하는 열을 효율적으로 이용할 수 있습니다.

왜 냄비에서 열이 날까요? 인덕션 상판 아래에는 가열 코일이 있습니다. 이 코일에 교류 전기가 흐르면, 상판에 올린 냄비에 와전류가 발생합니다. 금속에 전기가 흐르면 금속의 전기 저항으로 열이 발생하게 되는데, 이것이 냄비가 발열하는 원리입니다.

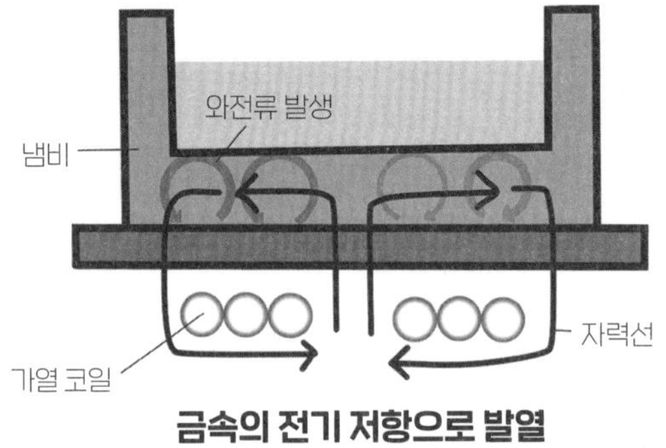

인덕션의 발열 원리

전기 사용량은 어떻게 측정할까?

코일에 자석을 가까이하거나 멀리하면 전류가 흐릅니다. 이 현상을 전자기유도라고 합니다. 구리판은 코일이 아니지만, 구리판 옆에서 자석을 움직이면 원을 그리듯 전류가 흐릅니다. 이 원 모양의 전류를 가리켜 와전류라 합니다.

각 가정의 전기요금을 조사하기 위한 전력량계는 최근 디지털 방식이 늘어났지만, 예전에는 빙글빙글 도는 알루미늄 원판이 붙은 것이 주류였습니다. 원판 옆에는 자석을 움직일 때와 같은 효과가 발생하도록 전자석이 두 개 붙어 있기 때문에 전기를 사용하면 전자석으로 움직이는 자기장이 발생합니다. 그러면 원판에 와전류가 발생하게 되고, 전자석과 작용해 원판이 회전합니다. 그리고 회전수는 회전축에 붙은 카운터로 세는데, 전기를 많이 쓰면 전자석이 강해지므로 회전 속도가 빨라져 회전수가 늘어납니다. 그런데 원판은 미끄러지듯 돌도록 만들어졌기 때문에 전기 사용을 멈춰도 회전이 바로 멈추지 않습니다. 전기를 사용하지 않는데 원판이 돈다면 곤란한 일일 것입니다.

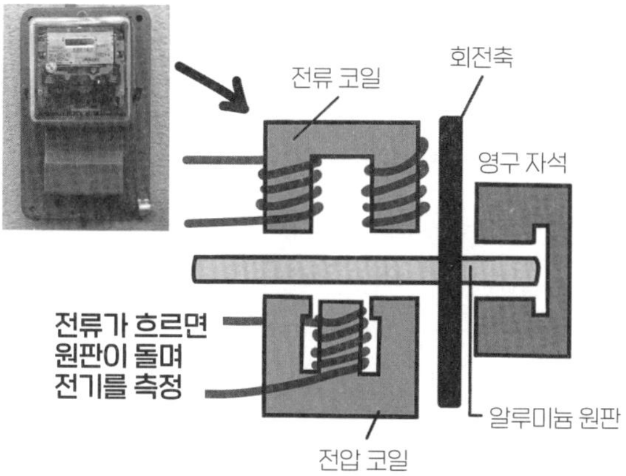

원판 타입 적산전력계의 원리

아라고의 원판 1824년에 프랑스의 물리학자 아라고는 실로 매단 구리판 아래로 자석을 회전시키면 원판이 자석을 따라 회전하는 신기한 현상을 발견했습니다. 아라고가 발견했기 때문에 '아라고의 원판'이라고 부릅니다.

아라고의 원판은 왜 회전하는 걸까요? 회전하는 자석으로 인해 원판에 와전류가 발생하며 전자석이 만들어지는데, 와전류가 생성한 자기장이 회전하는 자석과 작용해 원판이 회전합니다.

회전을 멈추는 것은 원판을 붙잡듯 붙어 있는 영구자석입니다. 원판이 움직이면 여기서도 와전류가 발생합니다. 이 와전류가 만드는 자기장은 영구자석을 끌어당겨 원판에 제동을 걸게 되는데, 이로 인해 전기 사용을 그만두면 원판도 함께 멈춥니다.

인덕션에 사용할 수 없는 냄비

유리나 도자기로 만든 냄비는 전기가 통하지 않기 때문에 와전류가 발생하지 않습니다. 따라서 열이 발생하지 않으므로 조리에 사용할 수 없습니다. 또한 구리나 알루미늄은 전기 저항이 약해서 전기가 잘 통합니다. 이렇게 전기가 잘 통하는 소재로 만든 냄비는 와전류가 발생해도 전기 저항이 약해서 발열량이 적으므로 조리에 사용할 수 없습니다. 그래서 개발 초기 인덕션에 사용할 수 있던 냄비는 전기 저항이 큰 철이나 스테인리스로 만든 냄비뿐이었습니다.

진화한 인덕션

교류 전기는 주파수에 따라 금속의 전기 저항이 바뀝니다. 주파수를 높이면 전류는 금속 표면에만 흐르도록 바뀌며 전기 저항이 커집니다. 구리나 알루미늄처럼 전기가 잘 통하는 소재라도 주파수를 높이면 발열량을 늘릴 수 있다는 사실은 알고 있었지만, 실용화는 어려웠습니다.

얼마 뒤 높은 주파수를 안정적으로 생산하는 기술이나 장치의 소형화, 조리 기구의 소재에 따른 주파수의 적절한 사용, 고효율 가열 코일 등의 기술 개발이 진행되었습니다. 이로써 모든 금속에 대응할 수 있는 인덕션이 상품화되었습니다.

인덕션 전용 뚝배기 바닥에는 금속 발열체가 붙어 있는데, 여기서 발생한 열이 뚝배기를 데우는 구조로 이루어져 있습니다. 뚝배기 요리를 내놓는 일본의 식당에서는 휴대용 인덕션과 물이 새지 않는 한지 냄비를 대바구니에 담아 사용한다고 합니다. 한지 냄비 바닥에 원판으로 생긴 금속 발열체를 깔고 그 위에 재료를 붓고 끓이는 것입니다. 정취가 있어 보기에도 좋고 뒤처리도 쉽습니다.

인덕션
쓸 만해?
뚝배기도
쓸 수 있을까?

이것이 공통점!

금속판 가까이에서 자기장이 변화하면 와전류가 발생합니다. 인덕션이나 전력량계는 와전류를 이용합니다.

13 전반사를 이용한 광섬유

광섬유로 데이터를 보내는 인터넷 광케이블

인터넷 광케이블은 광섬유를 이용한 통신입니다. 광회선을 통해 단말기의 데이터를 다음과 같은 순서로 다른 단말기로 보냅니다.

1 단말기 데이터를 먼저 레이저의 강약이 있는 빛으로 변환

▼

2 레이저 빛은 광섬유 속을 통과

▼

3 레이저 빛을 단말기에서 다시 데이터로 되돌림

레이저 빛은 프레젠테이션할 때 사용하는 레이저포인터를 보면 알 수 있듯, 매우 잘 뭉치며 직진하는 빛입니다. 파장과 진폭이 일정해 위상이 모여 있고 직진성이 높은 '간섭성 빛'의 대표입니다.

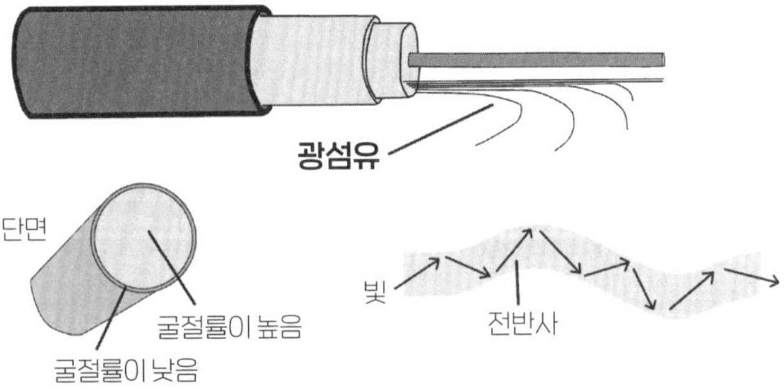

전반사를 이용한 광섬유

레이저 빛의 직진하는 성질을 이용한 장치가 있습니다. 아폴로 계획 당시 달 표면에 신문지 크기의 반사경을 설치했는데, 미국 캘리포니아의 천문대에서 반사경을 향해 레이저를 쏘면 곧장 되돌아오므로 달과 지구와의 거리를 측정할 수 있었습니다.

또한 레이저 빛은 한 번에 많은 데이터를 '빛의 속도'로 보낼 수 있습니다. 레이저 빛이 통과하는 광섬유는 유리나 플라스틱, 불소수지 등을 소재로 사용합니다. 코어라고 하는 중심부에는 굴절률이 큰 소재를, 그리고 코어를 둘러싼 클래딩이라는 부분에는 굴절률이 작은 소재를 사용해 광신호가 중심부를 전반사하며 나아가는 구조입니다.

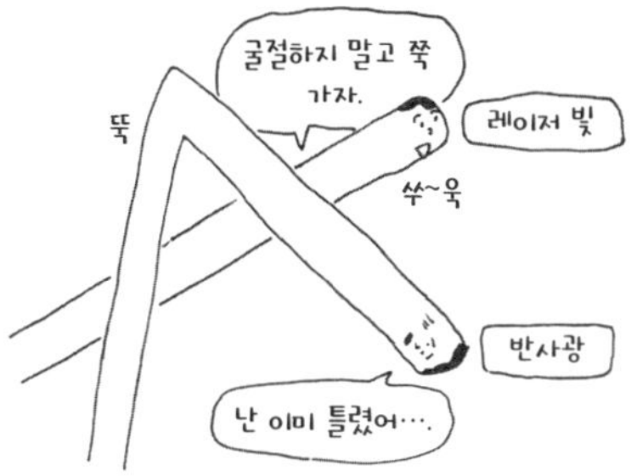

반사의 법칙

거울 표면에 세운 수직선과 입사광 및 반사광이 만드는 각도를 각각 입사각과 반사각이라고 합니다. 이때 모든 입사각과 반사각의 크기는 같은데, 이것을 빛의 반사 법칙이라고 합니다.

거울에 비친 물체가 거울 건너편에 있는 것처럼 보이는 이유는 물체에서 나온 빛 중 거울로 향한 빛이 반사의 법칙에 의해 거울 표면에서 물체를 향해 반사하기 때문입니다.

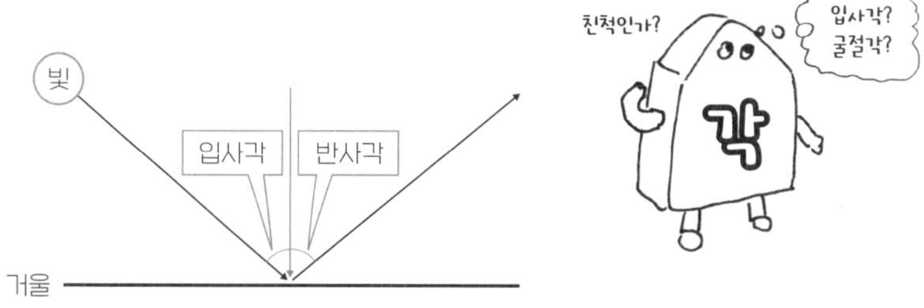

물고기의 하늘은 둥글다?

투명하고 평평한 표면에 빛이 닿으면 반사만 일어나는 것은 아닙니다. 예를 들어, 공기 중의 빛이 물이나 유리에 닿으면 더 안쪽으로 나아가는 다른 광선이 만들어집니다.

공기와 물 또는 유리의 경계면에 수직으로 들어간 빛은 그대로 직진하지만, 기울어져 들어간 빛은 진행 방향을 바꿉니다. 이 현상을 '빛의 굴절'이라고 합니다. 이때 경계면에 세운 수직선과 입사광 및 굴절광이 만든 각도를 각각 입사각과 굴절각이라고 합니다.

물속에서 공기 중으로 나오는 빛은 입사각이 커지면서 굴절각이 정확히 90°가 되면, 굴절광이 수면과 수평으로 일치하게 되는데, 이때의 입사각을 '임계각'이라고 합니다. 입사각이 임계각보다 커지면 공기 중으로 나가는 빛이 사라져 전반사가 일어납니다. 임계각은 물에서 공기로 진행할 때는 약 49°, 유리에서 공기로 진행할 때는 약 43°입니다.

수영장에서 잠수한 상태로 물속에서 위를 쳐다보면 하늘이 둥그렇게 휘어 보입니다. 또한 49° 이상으로 바라보면 전반사로 인해 49° 안쪽에서만 하늘이 보이며, 전반사한 곳은 거울처럼 은색으로 보입니다. 물속에 사는 물고기

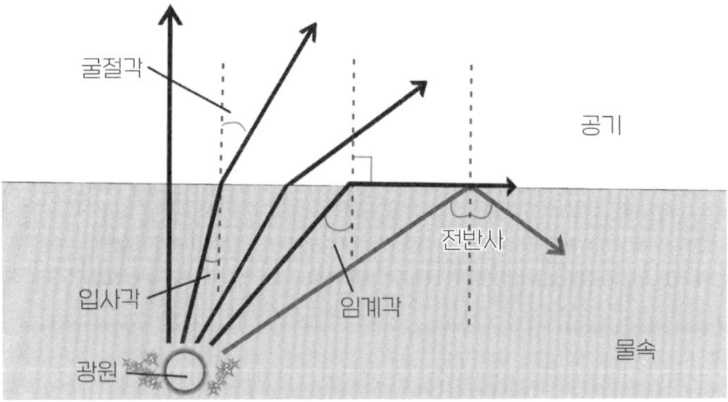

물속에서 일어나는 빛의 전반사

는 언제나 이런 둥그런 하늘을 보는 것입니다.

다이아몬드는 임계각이 24.4°로 유리보다 훨씬 작습니다. 그래서 작은 입사각에도 전반사가 일어납니다. 이는 다이아몬드가 반짝거리는 이유 중 하나입니다.

하늘은?
넓어!
커!
파래!
둥글어!
뭐?
둥글다고?

이것이 공통점!

전반사를 이용하면 빛의 세기를 줄이지 않고 방향을 바꿀 수 있습니다. 이 원리를 이용한 광섬유는 휘어져도 빛이 전반사를 반복하며 앞으로 나아갑니다.

14 보이지 않는 빛을 이용한 적외선 센서와 리모컨

알고 보면 빈번히 사용하는 적외선 센서

자동문, 조명, 자동 수전, 핸드드라이어, 방범카메라 등 우리 주변에는 다양한 곳에서 적외선 센서를 사용하고 있습니다. 적외선은 눈에 보이지 않는 빛입니다. 모든 물질에는 열이 있으며 그 온도에 맞는 적외선을 내보내는데, 이를 감지하는 것이 적외선 센서입니다.

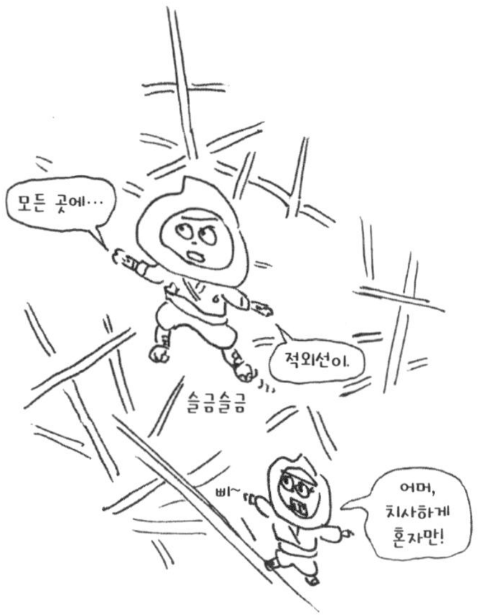
모든 곳에…
적외선이.
슬금슬금
삐~
어머, 치사하게 혼자만!

사람도 적외선을 내보냅니다. 수도꼭지 아래 손을 넣으면 물이

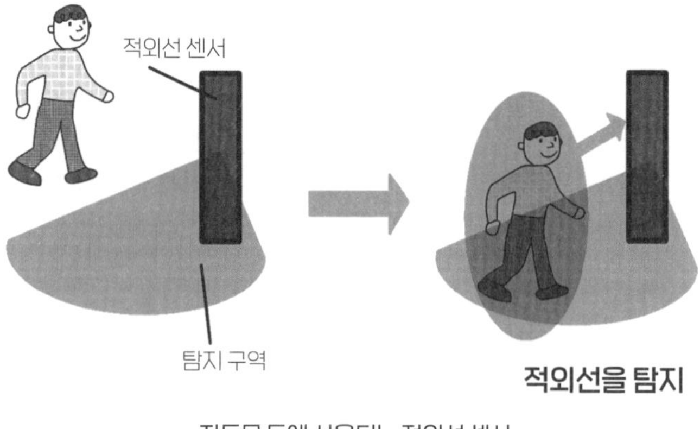
적외선 센서
탐지 구역
적외선을 탐지

자동문 등에 사용되는 적외선 센서

나오는 자동 수전은 손에서 나오는 적외선을 센서가 탐지해 손이 있다고 판단하여 물이 나오도록 합니다. 사람의 통행량이 많은 거리에 인접한 자동문은 문에 붙인 표식 부근에서만 적외선을 탐지하도록 고안되었습니다. 그래서 사람이 문 근처를 지나쳐도 열리지 않고 표식에 손을 가까이할 때만 문이 열리는 것입니다.

보이지 않는 적외선을 보다

적외선은 19세기 초, 영국의 윌리엄 허셜천왕성과 토성의 두 위성을 발견한 독일 출신의 영국 천문학자이 발견했습니다. 허셜은 태양광을 프리즘에 투영해 색의 띠를 만들고 빨간색 바깥쪽 아무것도 보이지 않는 곳에 수은 온도계를 두었습니다. 그러자 아무것도 보이지 않는 곳이었음에도 불구하고 온도가 상승했습니다. 이를 통해 빨간색 바깥쪽에도 눈에 보이지 않는 빛이 존재한다는 사실을 확인할 수 있었습니다.

스마트폰 카메라 중에는 사람의 눈에 보이지 않는 적외선 영역까지 찍는 제품도 있습니다. 이 카메라로 TV 리모컨의 LED를 비추면 버튼을 누를 때만

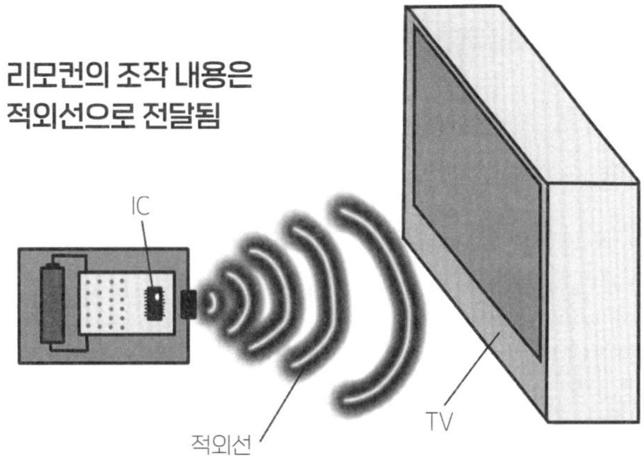

TV 리모컨의 원리

LED가 빛나는 것을 볼 수 있습니다. TV 리모컨에도 적외선을 사용한다는 사실을 알 수 있는 증거입니다.

적외선의 성질을 조사해 보면

적외선의 성질은 TV 리모컨으로 확인할 수 있습니다. 리모컨을 아래쪽이나 TV와 반대 방향으로 향한 채로 조작하면 반응하지 않습니다. 적외선에는 빛처럼 직진하는 성질이 있기 때문입니다. 이때 아래쪽이나 반대 방향을 비추는 손전등을 거울로 반사해 TV에 닿도록 거울 위치를 잘 조절한 다음, 거울로 TV 방향으로 적외선을 반사하면 리모컨을 조작할 수 있습니다. 즉, 적외선을 거울로 반사할 수 있음을 알 수 있습니다.

리모컨 앞을 두꺼운 천으로 막으면 작동하지 않지만, 속이 비치는 레이스처럼 얇은 천으로 막은 경우에는 작동합니다. 이런 사실로 보아, 적외선에는 가시광선과 같은 빛의 성질이 있다는 특징과 가시광선은 통과할 수 없는 얇은 천도 통과할 수 있다는 특징 또한 알 수 있습니다. 적외선의 통과 능력이 가시광선보다 큰 이유는 파장이 길기 때문입니다.

빛이 강하면 잘 작동하지 않는 적외선 센서

사람에게서 나오는 적외선은 약하기 때문에 직사광선이 닿는 밝은 곳에서는 적외선 센서가 잘 작동하지 않을 때가 있습니다. 스마트폰 화면에 햇빛이 닿으면 화면이 잘 보이지 않는 것과 같습니다. 그래서 조명은 밝은 장소에서 오작동하는 것을 방지하기 위해 밝기 센서를 함께 사용합니다. 이 센서가 밝은지 어두운지 판단해 밝을 때는 조명을 켜지 않고 어두워지면 적외선 센서로 조명을 제어하는 것입니다.

사람의 출입을 관리하는 문은 밝을 때나 어두울 때나 정확하게 작동해야 합니다. 그래서 센서를 검은 통 안에 설치해 외부의 빛이 닿지 않도록 하고 적외선 투광기에서 나온 적외선만 통 속 센서까지 닿도록 장치합니다. 적외선 투광기와 센서 사이를 사람이 가로질러 가면 적외선을 막아 문이 작동하는 것입니다.

일하지 말라니까….
적외선 센서
꼼짝도 안 함
zzz
빛이 너무
강해…. 사람이
안 보여….

이것이 공통점!

적외선 센서와 TV 리모컨 모두 눈에 보이지 않는 '적외선'을 이용해 작동합니다.

15 공기가 없는 우주를 가로지르는 로켓은 폭죽으로 설명할 수 있다!

로켓이 나는 이유?

물체와 물체는 서로 힘을 미칩니다. 때문에 상대에게 힘을 받지 않고 일방적으로 상대에게 힘을 가할 수는 없습니다.

한 방향의 힘을 '작용'이라고 하고 다른 방향의 힘을 '반작용'이라고 합니다. 또한 힘의 크기는 반대 방향으로 서로 같은데, 이를 '작용 반작용의 법칙'이라고 합니다.

우리는 길을 걸을 때, 발이 지면을 뒤쪽으로 밀면 동시에 지면도 우리를 되밀기 때문에 앞으로 나아갈 수 있습니다. 자동차도 바퀴가 도로를 뒤쪽으로 밀면 도로도 같은 크기의 힘으로 되밀면서 앞으로 나아갑니다.

로켓은 연소 가스와 로켓의 힘이 서로 작용하여 날아갑니다. 로켓은 연소 가스를 뒤로 밀고, 연소 가스는 로켓을 진행 방향으로 밀어냅니다.

로켓은 연소 가스를
뒤쪽으로 밂
연소 가스는 로켓을
진행 방향으로 밂

공기가 없어도 연료가 타는 이유

로켓의 연료에는 두 가지 종류가 있습니다. 첫 번째는 '고체연료'로, 반응으로 산소를 발생시키는 가루 약품인 산화제와 분말 연료를 균일하게 섞은 다음 굳

혀서 사용합니다. 구조가 간단해서 다루기 쉽지만, 유도 제어로켓이나 미사일 등의 비행체를 원하는 위치로 보내기 위한 수단 및 행위가 어렵습니다.

두 번째는 '액체연료'입니다. 액체수소를 연료로 사용하며 액체산소와 혼합해 사용합니다. 액체수소와 액체산소 모두 매우 낮은 온도에서 액체 상태로 있으므로 발사 시점에 가까워졌을 때 탱크에 넣습니다. 수소탱크와 산소탱크는 각각 분리되어 있으며 고체연료보다 구조가 복잡해 다루기 어렵지만, 유도

로켓 현재 일본의 주력 대형 로켓은 H-II A입니다. 이 로켓의 시험 1호기는 전체 길이 약 53 m, 지름 4 m, 발사 시 총 질량은 290톤이나 되는 세계에서 손꼽히는 대형 로켓입니다. 액체산소와 액체수소를 사용하는 주 엔진과 고체연료를 사용하는 로켓 부스터를 조합한 2단식 로켓입니다.

H-II A는 운반 능력도 높습니다. 고도가 낮은 지구의 일주 궤도는 10톤, 정지 궤도에는 2톤의 위성을 쏘아 올릴 수 있습니다. 게다가 부스터 로켓은 2대에서 4대까지 추가할 수 있어 발사 목적에 맞춰 변형할 수 있습니다.

H-II A는 2023년 발사를 마지막으로 은퇴할 예정이며, 차세대 주력 로켓인 'H3'가 2021년에 첫 발사될 예정입니다.

사진 제공: JAXA(Japan Aerospace eXploration Agency, 일본 우주항공연구개발기구)

로켓이 공기가 없어도 나는
이유는 '액체수소'와 '액체산소'를
연료로 쓰기 때문!

제어는 쉽습니다.

양쪽 모두 연료를 태울 공기, 즉 산소가 없는 우주를 날기 위해서는 산화제나 산소가 필요합니다. 추진을 위한 연소 가스를 생성하는 연료와 산화제를 로켓 안에 비축하고 있으므로 지상에서 높이 올라와 공기가 희박한 곳은 물론, 진공에 가까운 우주에서도 비행할 수 있습니다.

폭죽의 원리

폭죽에는 화약 외에도 산화제가 들어 있습니다. 로켓은 연료와 산화제산소도 산화제의 일종가 만든 연소 가스로 추진하는데, 폭죽도 기본적으로 같은 성분으로 이루어져 있습니다. 폭죽의 산화제로는 주로 염소산칼륨을 사용합니다. 염소산칼륨은 불에 타면 바로 분해되며 산소를 방출합니다.

휴대용 폭죽의 화약 부분을 물에 젖지 않도록 알루미늄포일이나 셀로판테이프로 감은 다음, 폭죽에 불을 붙여 물속에 넣으면 물속에서도 계속 탈 수 있습니다. 공기 중의 산소를 사용하지 못하더라도 산화제에서 나오는 산소를 사

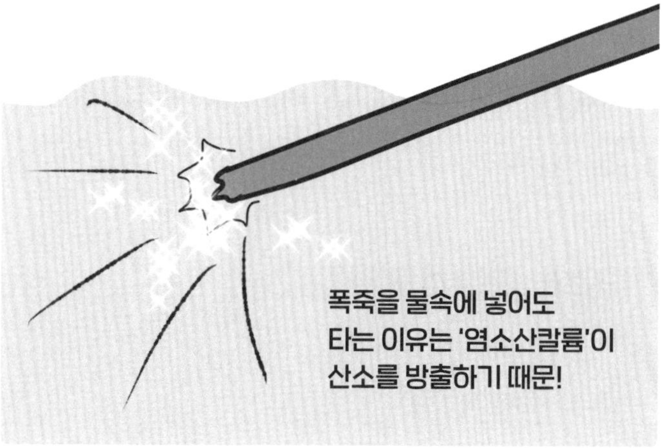
폭죽을 물속에 넣어도
타는 이유는 '염소산칼륨'이
산소를 방출하기 때문!

용함으로써 계속 탈 수 있는 것입니다.

폭죽로켓도 마찬가지입니다. 폭죽로켓이 하늘을 나는 원리는 진짜 로켓과 같이 연료와 산화제에 의한 연소 가스 분사 덕분입니다.

안녕!
첨가할게요.
산화제

이것이 공통점!

로켓의 연료와 산화제의 조합은 기본적으로 폭죽의 화약과 산화제의 조합과 같습니다. 폭죽로켓은 그야말로 미니 로켓이라고 할 수 있습니다.

16 되돌아오는 빛을 이용한 재귀 반사기와 자전거 반사판

달과의 거리는 어떻게 잴까?

달은 약 38만 5,000 km 떨어져 지구를 도는 위성입니다. 지구에서 달까지의 거리를 재는 방법은 삼각측량을 포함해 여러 가지가 있는데, 그중에서 가장 정확한 방법이 레이저 광선을 이용한 방법입니다.

이걸론 무리야!
잴 수 없어….
그럼 어떡해….
자가 너무 짧네….
그만 좀 해.
레이저 광선이 있잖아.
레이저 광선

미국은 아폴로 계획 당시 달에 재귀 반사기를 설치해 두었습니다. 재귀 반사기는 입사한 빛이 다시 입사 방향으로 돌아오는 반사 현상을 이용한 장치입니다. 지구에서 발사한 레이저 광선이 이 반사기에서 반사되어 돌아오기까지의 왕복 시간을 측정했는데, 빛의 속도는 정확히 알고 있으므로 다음 공식을 통해 달까지의 거리를 계산할 수 있습니다.

달까지의 거리 = 빛의 속도 × 왕복 시간 ÷ 2

재귀 반사기란?

세 장의 거울을 정육면체의 모서리처럼 직각으로 조합하면 입사한 빛이 거울에서 반사되어 원래 방향으로 돌아갑니다. 이 원리를 이용해 프리즘이나 거울

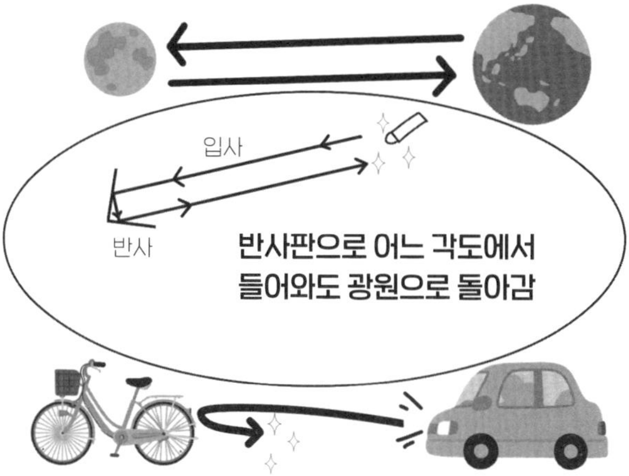
입사
반사
반사판으로 어느 각도에서
들어와도 광원으로 돌아감

등으로 재귀 반사기를 만듭니다. 달에 설치한 반사기로 입사한 빛은 내부에서 몇 번 반사한 뒤 정확히 원래 온 방향으로 돌아갑니다. 그래서 지구상의 어느 관측점에서 레이저 광선을 발사해도 반사한 빛을 관측할 수 있습니다.

자전거나 도로의 반사판에도 재귀 반사기를 사용합니다. 반사판은 차의 전조등 불빛이 반사판의 정면뿐 아니라 비스듬한 방향으로 들어와도 차 쪽으로 빛이 반사되어 안전을 확인할 수 있도록 설계되어 있습니다. 반사판 표면은 평평하지만, 안쪽에는 정육면체 모서리 같은 요철이 잔뜩 붙어 있습니다. 요철 하나하나가 빛을 원래 방향으로 반사하는 것입니다.

야간 안전 용품

교통사고로부터 보행자를 지키기 위한 용품으로 차의 불빛이 닿으면 빛을 반사하는 테이프 등을 살 수 있습니다. 빛을 내기 위한 전기가 필요하지 않아 친환경적입니다. 재료로 작은 유리구슬을 사용하기도 합니다.

굴절률이 높은 유리로 만든 유리구슬은 볼록렌즈처럼 빛을 모읍니다. 빛이 모이는 위치에 반사재가 있으면 빛을 반사시켜 원래 경로로 되돌립니다.

그래서 반사 소재 위에 유리구슬을 발라 두면 빛이 원래 방향으로 반사하는 재귀성 반사 소재가 됩니다. 갓 도장한 횡단보도에 유리구슬을 뿌리고 고정해 횡단보도의 야간 시인성을 높이는 방법도 활용하고 있습니다.

프리즘 형태의 반사재를 표면에 붙인 소재는 유리구슬보다 높은 휘도광원의 단위 면적당 밝기 정도를 확보할 수 있습니다. 도로 안전 유도원의 안전 조끼나 위험한 작업을 할 때 입는 작업복처럼 높은 시인성이 필요한 곳에 사용됩니다.

이것이 공통점!

자전거의 반사판과 달과의 거리를 측정하는 재귀 반사기 모두 반사한 빛이 원래 장소로 돌아오는 성질을 이용합니다.

17 반딧불이처럼 빛을 내는 유기 발광 다이오드

인간이 만든 반딧불이, 유기 발광 다이오드

스마트폰이나 TV 등에는 유기 발광 다이오드OLED라고 부르는 디스플레이 장치를 사용합니다. 유기 발광 다이오드(이하 OLED) 디스플레이는 액정에 이은 차세대 초박형 디스플레이로 주목받고 있습니다. 또한 OLED를 조명에 이용하는 연구 개발도 진행되면서 차세대 조명으로 각광받고 있습니다.

콘서트장에서는 똑 하고 꺾으면 빛을 내뿜으며 분위기를 고조시키는 봉 형태의 케미컬라이트를 자주 사용합니다. 이는 화학반응을 통한 에너지로 고에너지의 들뜬상태가 된 형광물질이 원래의 안정된 에너지 상태로 돌아갈 때 여분의 에너지를 빛으로 방출하는 화학 발광체를 이용한 것입니다.

일렉트로루미네선스란 형광체에 전압을 가했을 때 발광하는 현상으로, 열을 거의 내지 않고도 전기를 빛으로 바꿀 수 있습니다. 형광등이나 LED전압을

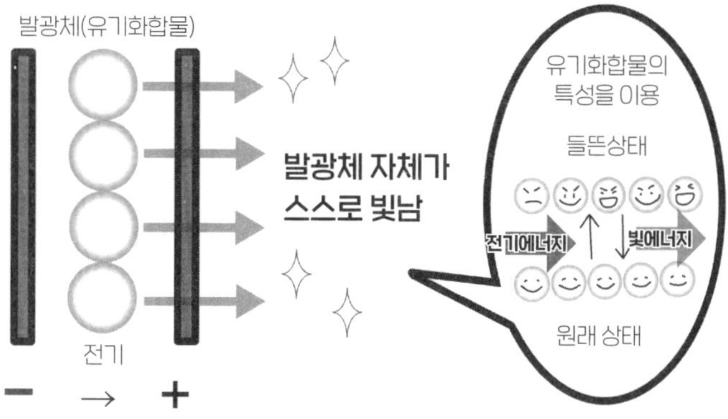

OLED가 빛나는 원리

가하면 빛을 발하는 반도체가 빛나는 것도 일렉트로루미네선스 덕분입니다. 여기에 '유기화합물'을 적용한 것이 OLED입니다.

반딧불이는 어떻게 빛날까?

자연계에서 빛을 내는 것을 꼽으라고 하면 반딧불이를 들 수 있습니다. 사실 전기를 사용하지 않고 빛을 발하는 원리는 복잡한데, 여기에는 효소의 활약이 필요합니다.

세포 내에 있는 ATP아데노신3인산라는 에너지를 내는 물질이 가진 에너지를 소비하면 효소 루시페라아제가 루시페린을 분해해 들뜬상태의 산화루시페린을 생성합니다. 들뜬상태의 산화루시페린은 원래 상태로 돌아갈 때 황록색 빛을 뿜어냅니다.

OLED는 전류에 의해 들뜬상태가 된 발광층의 유기화합물이 원래 상태로 돌아갈 때 방출하는 에너지로 빛을 냅니다. 즉, OLED는 인간이 만들어낸 반딧불입니다.

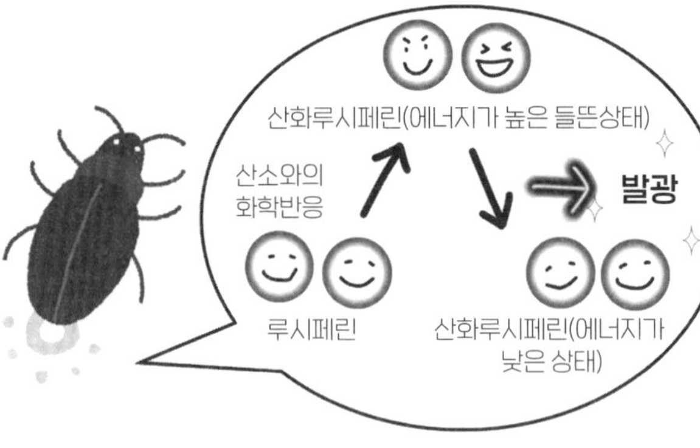

반딧불이가 빛나는 원리

액정보다 깨끗한 화면과 저전력

반딧불이 모양 라이트 만들었는데….
루미는 센스가 없어….
루미네센스

액정의 원리는 '그림자놀이'와 같습니다. 스스로 빛을 내지 않기 때문에 액정 디스플레이에는 백라이트가 필요합니다. 반면 OLED는 스스로 빛을 내기 때문에 액정과 같은 백라이트 공간이 불필요하므로 얇게 제조할 수 있습니다.

OLED는 액정과 달리 비스듬하게 봐도 화상이 깨끗하게 보이며 발광을 멈추면 또렷한 검은색도 표현할 수 있습니다. 사용하지 않는 빛은 발광하지 않기 때문에 전력 소비가 적습니다. 또한 초박형으로도 제조가 가능하여 먼저 스마트폰에 적용되었으며 최근에는 대형 TV에도 사용되고 있습니다. 매우 얇고 구조가 단순해 플라스틱 기판을 사용하면 구부릴 수도 있습니다. 따라서 두루마리처럼 말아 두었다가 TV를 볼 때 펼치거나, 곡면으로 된 화면을 만드는 등 과거의 TV와는 완전히 다른 제품을 만들고 있습니다.

이것이 공통점!

OLED와 반딧불이 모두 에너지로 빛을 낼 수 있습니다. OLED는 전기를, 반딧불이는 ATP 에너지를 이용해 빛을 냅니다. OLED는 인간이 만든 반딧불이라 할 수 있습니다.

18 빛을 예를 들면 이해하기 쉬운 편광판의 원리

생활에서 자주 사용되는 편광판

편광판이라는 단어를 들었을 때 자신의 일상과는 별로 관계가 없다거나, 사용하지 않는다는 분이 많을 것입니다. 정말 편광판 자체는 그다지 우리 눈에 띄지 않습니다. 낚시용 또는 운전용 선글라스가 편광 선글라스나 폴라로이드 선글라스라는 이름으로 팔리기는 하지만, 선글라스를 쓰지 않는 사람은 자신과 관계없는 일이라 여깁니다.

편광해도 돼?
편광
늘 하고 있잖아.

그러나 의외로 우리는 매일 편광판의 신세를 지고 있습니다. 편광판이 액정 TV의 화면이나 컴퓨터 디스플레이에 사용된다고 하면 매일 신세 진다는 말에 수긍할 수 있을 것입니다.

편광판과 빛의 성질

편광판이란 무엇일까요? 강물 속을 맨눈으로 보려고 하면 수면에 반사된 햇빛 때문에 잘 보이지 않을 때가 있습니다. 그러나 낚시에 사용하는 편광 선글라스는 반짝거림을 막아주어 찌나 수중 상태를 잘 볼 수 있게 해줍니다. 이것은 빛의 성질을 생각하면 쉽게 이해할 수 있습니다.

빛의 성질 중 하나로 '파동성'이 있습니다. 또한 빛은 기타 줄이나 파도와 같은 횡파의 성질을 나타냅니다. 즉, 빛은 진행하는 방향에 대해 수직인 파동으로 이루어져 있습니다. 햇살이나 전구, 형광등의 불빛처럼 우리가 일상에서 보는 빛은 진행 방향에 대해 수직인 파동이 모여 있지만, 다양한 방향으로 진동합니다. 다양한 방향으로 진동하는 빛 중에서 어느 일부 방향으로 진동하는 빛만 골라내는 것을 편광이라고 합니다.

편광판과 발

편광판 현상은 발과 철사를 사용하면 알기 쉽게 설명할 수 있습니다. 일반적인 빛은 다양한 방향으로 진동하며 나아갑니다. 빛의 진동을 표현하기 위해 철사를 파도 형태로 구부리면, 이 철사가 빛의 진동을 나타냅니다. 빛은 다양한 방향에서 다가오므로 철사를 다양한 방향으로 향하도록 해 봅니다. 편광판 역할로는 칸이 넓고 틈이 있는 발을 준비합니다.

발의 틈새와 같은 방향으로 철사를 돌려 통과시켜 봅시다. 그러면 철사는 발의 틈새를 통해 반대쪽으로 통과할 수 있습니다.

이번에는 철사를 90° 회전해 통과시켜 봅시다. 이번에는 발에 걸려 통과하지 못합니다. 마찬가지로 30°나 60°로 기울여도 통과하지 못합니다. 이처럼 특정한 방향으로 진동하는 빛만 통과할 수 있습니다. 이와 같이 편광판은 어느 한 방향으로 진동하는 빛의 성분만 통과하도록 만들어졌습니다.

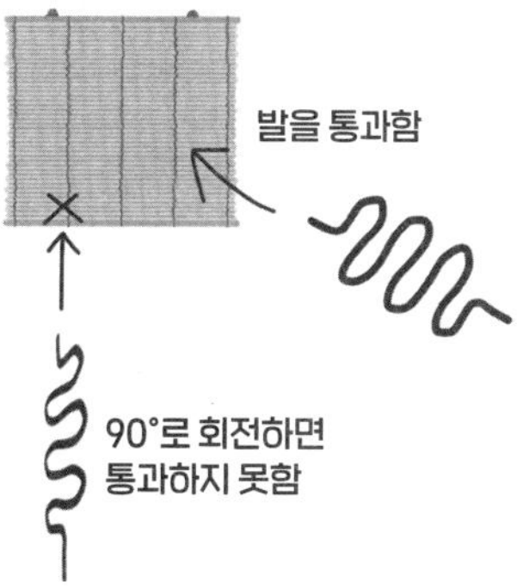

액정 디스플레이의 원리

그럼 편광판의 신세를 가장 많이 지고 있는 TV나 컴퓨터, 스마트폰의 액정 디스플레이는 어떻게 화면을 내보내는 걸까요?

편광판을 두 장 준비해 편광 방향을 90° 회전시켜 포갠 다음 백라이트를 켭니다. 한 장을 통과한 빛의 파동은 편향의 방향이 다른 두 번째 편광판을 통과하지 못합니다. 이 사이에 액정 분자를 나열한 막을 넣습니다. 액정 분자는 전압을 가하지 않으면 뒤엉켜 있어 각 방향의 빛을 조금씩 회전시키며 반대 방향으로 빛을 보냅니다. 이때 90°로 꺾인 빛이 전해지므로 빛이 통과할 수 있습니다. 하지만 막에 전압을 가하면 모든 액정 분자가 같은 방향을 향하기

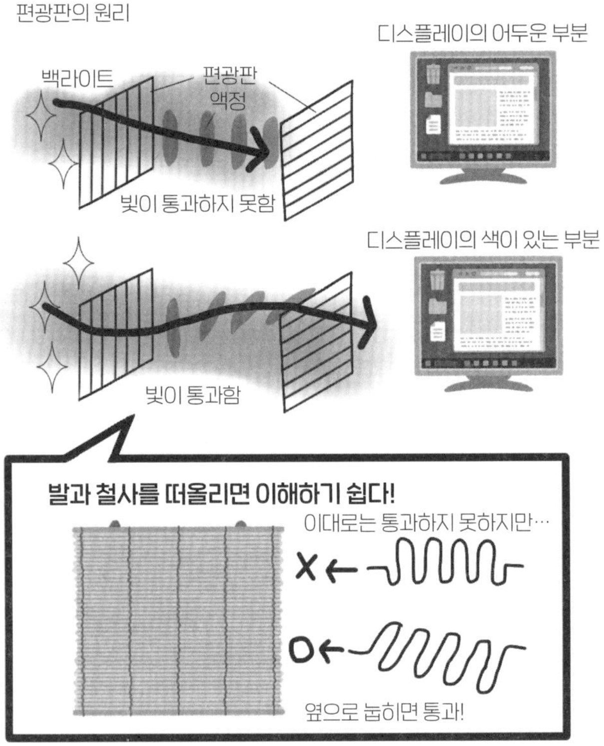

때문에 빛이 통과할 수 없습니다.

이처럼 액정 분자의 막 양쪽에 편광판을 두면 전압을 가하거나 제거해서 화면을 띄울 수 있습니다. 여기에 색을 입힌 필터를 끼워 만든 것이 컬러 디스플레이입니다.

액정 화면을 편광판 또는 편광 선글라스를 끼고 돌려보면 밝기가 변합니다. 이것이 바로 편광판이 사용되고 있다는 증거입니다.

이것이 공통점!

파도 형태의 철사를 기울여 발을 통과하듯, 편광판도 빛의 방향을 조정합니다!

19 가속기는 전자레인지로 설명할 수 있다!

가속기가 뭔가요?

가속기는 전자나 양자 또는 양전자 등과 같은 눈에 보이지 않을 정도로 작은 하전 입자를 빛의 속도로 가속하는 장치입니다. 이렇게 가속된 입자가 서로 부딪치면 그 순간 수많은 새로운 입자가 생성됩니다. 소립자를 연구하는 물리학은 이렇게 해서 새로운 입자를 만들어 성질을 조사합니다.

가속기로는 이바라키현 쓰쿠바시에 있는 고에너지가속기연구기구KEK의 가속기와 효고현에 있는 세계 최대 규모의 가속기 'Spring-8'이 유명합니다. 최근에는 일본 이화학연구소의 가속기를 사용해 원자번호 113번의 새로운 원소 니호늄을 만들었습니다.

우리나라의 가속기로는 포항가속기연구소의 싱크로트론과 선형가속기가 있습니다. 싱크로트론은 포항방사광가속기라고 불리며, 선형가속기는 포항 4세대 방사광가속기라고 하는데 길이가 1,100 m에 달하는 직선을 따라 전자를 가속합니다. 대전에서는 2021년 완공 예정인 기초과학연구원 산하 중이온 가속기가 건설되고 있으며, 이름은 라온RAON으로 명명되었습니다. 이 가속기는 탄소, 우라늄 등과 같은 무거운 입자들을 이온화하여 가속한 후 가속입자와 표적과의 충돌로 핵반응을 일으켜 다양한 희귀동위원소를 생성하는 장치이며, 여러 연구에 활용할 계획입니다. 세계적으로 가장 유명한 가속기는 유럽핵연구센터CERN에서 건설한 대형강입자충돌기LHC로 스위스 제네바 근처에 있습니다.

작은 입자, 어떻게 가속할까?

어떻게 작은 입자를 가속하는 것일까요? 단순히 공처럼 던지면 된다고 생각할지도 모르지만, 공이 손을 벗어나면 더 이상 진행 방향으로는 힘이 작용하지 않습니다. 그냥 던지기만 해서는 수평 방향으로 가속하지 않고, 진행 방향으로 가속하기 위해서는 그 방향으로 힘을 계속 가해줘야 합니다.

입자에 전하라는 성질이 있으면 쉽게 해결할 방법이 있습니다. 전하를 띤 하전 입자는 전압을 가한 순간에는 계속 힘을 받습니다. 그래서 전압을 가하는 구역인 가속관을 진공으로 만들어 여러 개 연결해서 길고 강한 전압을 가하면, 전자나 양자를 점점 가속할 수 있습니다. 이것을 선형가속기라고 부르며, 선형가속기는 대량의 입자를 가속하기에 적합합니다.

그러나 선형가속기는 하전 입자가 각 가속관을 한 번밖에 통과하지 못합니다. 그러므로 광속에 가까울 정도로 빠른 속도를 내기 위해서는 아주 많은 가속관을 연결해야 합니다. 그래서 가속관을 조금씩 옆으로 꺾어 원형으로 연결하면 입자가 관 속을 회전하므로 오랜 시간 전압을 가할 수 있습니다. 즉, 입자를 점점 가속할 수 있습니다. 이런 발상으로 만든 가속기를 싱크로트론이라고 합니다.

입자의 진행을 좌우하는 의외의 요소

그런데 어떻게 입자를 조금씩 옆으로 휘게 하는 걸까요? 여기에는 자기장을 사용합니다. 어느 하전 입자의 진행 방향과 상하 방향으로 자기장을 가하면 하전 입자에 로런츠 힘하전 입자가 자기장 속에서 받는 힘이 수평 방향으로 작용해 진행 방향을 조금씩 옆으로 꺾을 수 있습니다. 실제 가속기는 대량의 자기장을 정밀하게 조작해 전자나 양전자의 위치를 마이크로미터 단위로 제어합니다.

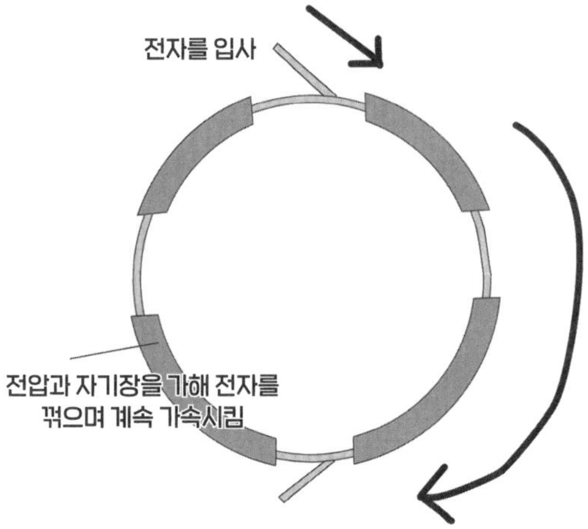
전자를 입사
전압과 자기장을 가해 전자를
꺾으며 계속 가속시킴

가속기

하지만 입자가 휘며 발생하는 나쁜 영향도 있습니다. 하전 입자가 빨라지면 자기장에서 휜 순간 방사광이라는 강한 빛을 내며 운동에너지를 잃어버립니다. 그래서 속도를 올리려면 싱크로트론의 반지름을 크게 만들어 입자가 급하게 꺾이지 않도록 해야 합니다. 스위스에 있는 세계 최대의 싱크로트론인 강입자충돌기는 전체 둘레가 27 km나 됩니다.

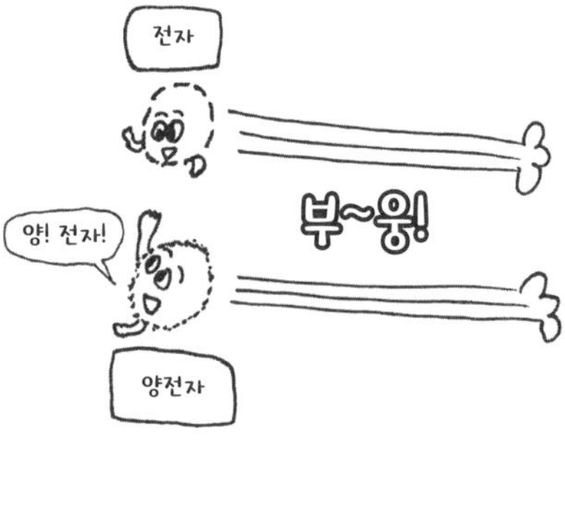
전자
양! 전자!
부~웅!
양전자

한편, 매우 강력한 빛을 발하는 방사광은 다양한 분야에 이용할 수 있습니다. 예를 들면 이 빛을 암에 쏴서 치료하는 데 사용하기도 하며, 물질의 구조를 분석하는 데에도 사용합니다.

전자레인지로 가속한다?

그런데 가속기의 원리는 사실 전자레인지 그 자체라 할 수 있습니다. 전자레

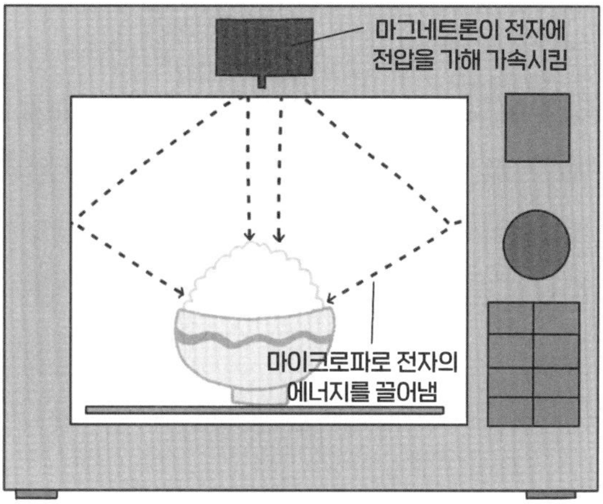

마그네트론이 전자에
전압을 가해 가속시킴
마이크로파로 전자의
에너지를 끌어냄

전자레인지

인지의 심장부에는 마그네트론이라는 원형 관이 있습니다. 가속기와 마찬가지로 처음에는 거의 멈춰 있는 전자에 전압을 가하면 전자가 관 속을 계속 돌며 가속합니다.

가속기는 가속한 전자를 충돌시키는 실험이 최종 목적이지만, 전자레인지는 가속한 전자를 관 속에서 공진시켜 전자의 에너지를 마이크로파라는 강한 전파 형태로 방출시킵니다. 이 전파가 물 분자를 진동시켜 음식을 데우는 것입니다. 이 원리는 레이더 전파를 만들 때도 사용되고 있습니다.

물 분자가 없으면
열이 나지 않아….

이것이 공통점!

전자레인지와 가속기 모두 전압과 자기장을 이용해 전자를 휘게 하며 가속합니다!

20 컴퓨터의 말 전달 놀이, 인터넷의 원리

어디에나 연결할 수 있는 인터넷

인터넷상의 파일 주소인 URL을 입력하면 전 세계 어디서나 바로 인터넷 사이트로 연결됩니다. 그런데 잘 생각해 보면 참 신기한 일입니다. 여러분의 컴퓨터나 스마트폰이 전 세계 컴퓨터의 경로를 기록하고 있는 걸까요? 컴퓨터나 스마트폰은 어떻게 원하는 컴퓨터의 경로를 찾아 순간적으로 연결되는 것일까요?

컴퓨터의 말 전달 놀이

인터넷은 이어달리기나 말 전달 놀이와 같은 원리로 이루어져 있습니다. 여러분의 컴퓨터가 인터넷에 접속해 있을 때는 인터넷 끝에 있는 프로바이더라는 회사의 컴퓨터로 연결되어 있을 뿐입니다. 스마트폰이라면 통신사의 컴퓨터일 수도 있습니다. 컴퓨터나 스마트폰은 인터넷용 통신 내용도 모른 채 프로바이더의 컴퓨터로 위임하고, 그곳에는 수신인의 IP 주소 및 포트 번호가 적혀 있습니다. 프로바이더의 컴퓨터는 몇 개의 다른 컴퓨터에 접속해 있지만, 'IP 주소가 이 범위면 이 컴퓨터로 접속됨'이라는 간단한 목록만 가지고 있을 뿐입니다.

그리고 수신인에 적혀 있는 IP 주소를 좇아 연결되어 있는 몇 개의 컴퓨터 중 어딘가로 데이터를 위임합니다. 프로바이더의 컴퓨터에서 데이터를 받은 컴퓨터도 마찬가지입니다. 다시 연결되어 있는 컴퓨터 중 어딘가로 마치 말

그래. 알았어.
소곤
소곤
프
DATA
내 PC
프로바이더
IP 주소가
이 범위라면….
저 녀석이면
되려나?
재
프
소곤
소곤
DATA
자, 이 범위면
걔한테 연결해야지.
…이런 흐름

인터넷의 원리

전달 놀이를 하듯 데이터를 위임합니다.

데이터가 틀리기도 하지만, 그럴 때는 검출할 수 있도록 설정되어 있습니다. 그때는 이전 컴퓨터에서 다시 받습니다. 이렇게 대부분의 데이터는 무사히 상대편에게 도착합니다.

DATA 용사
다그닥
다그닥
왔소.
왔다. 왔어.
그럼, 보냅니다.
히이잉~
PC
스마트폰
『받은 DATA를 보낼 뿐』

목록의 갱신

그런데 가끔 컴퓨터가 고장 나거나 수리하고 있어서 멈춰 있을 때가 있습니다. 만약 데이터가 도착하지 않으면 위임하려고 한 컴퓨터는 이상한 낌새를 알아채고 IP 주소의 범위와 데이터를 보낼 컴퓨터의 목록을 수정해 다른 컴퓨터로 전달합니다.

하지만 접속해 있는데도 목적지로 도착하지 않으면 포기하고 이전 컴퓨터로 오류 메시지를 보냅니다. 오류가 없어질 때까지 데이터가 돌아오고 그 과정에서 네트워크의 각 컴퓨터는 위임 목록을 수정합니다. 이러면 각 컴퓨터는 다음 컴퓨터로 보내기 위한 IP 주소 범위만 보유하고 끝납니다. 인터넷에서 모든 데이터를 관리하는 컴퓨터는 없습니다.

또한 컴퓨터는 아무리 튼튼해도 전 세계적으로 봤을 때 늘 고장 나 있거나 수리하고 있으므로 보낼 방향의 목록을 매일 갱신해, 늘 무사히 도착하도록 자동으로 수정하고 있습니다.

목록과의 행진

이것이 공통점!

인터넷과 말 전달 놀이 모두 '받은 데이터를 보낼 뿐'입니다!

3장

주변에서 관찰할 수 있는 과학 현상

21 금속산화물의 환원은 인간관계와 같다!

산소의 활발한 활동

우리는 공기에 둘러싸여 살아가고 있으며, 공기 중에는 약 21%의 산소가 포함되어 있습니다. 쇠못은 오래되면 녹이 스는데, 이 현상도 산소와 관련이 있습니다. 철이 공기 중의 산소와 화합해 천천히 산화철이 되기 때문입니다.

물질에 산소가 결합해 이루어진 화합물을 '산화물'이라고 하며, 산화물이 산소를 잃는 반응을 '환원'이라고 합니다. 예를 들어, 구리를 공기 중에서 가열하면 산소와 결합해 검은색의 산화구리가 됩니다. 그리고 산화구리에 수소를 흘려보내거나 산화구리와 탄소를 섞어 가열하면 산화구리는 산소를 잃고 구리가 됩니다. 이때 수소와 탄소는 산화구리의 산소와 결합해 물과 이산화탄소가 됩니다.

철광석에서 철을 꺼내려면?

우리 주변은 금속, 암석, 흙, 나무, 도자기, 섬유, 플라스틱 등과 같은 다양한 재료로 이루어져 있습니다. 그중에서도 철이나 알루미늄과 같은 금속은 상당히 중요한 재료입니다. 금속 사용의 역사는 광석에서 원하는 금속을 홑원소 물질로 꺼내는 기술의 발전이기도 합니다. 처음에 인간은 자연 상태의 금이나 우주에서 떨어진 운철을 사용했습니다. 운철은 철이 주성분인 운석으로, 운철의 양은 많지 않았습니다. 그래서 광석에서 추출하기 쉬운 은이나 동을 철이나 알루미늄보다 오래전부터 사용해 왔던 것입니다.

현재는 수많은 종류의 금속을 다양한 용도로 사용하는데, 가장 폭넓게 사용하는 금속은 철입니다. 일본에서는 예로부터 산화철인 사철을 목탄으로 환원하는 '타타라제철비교적 저온에서 환원해 순도 높은 철을 생산할 수 있었던 고대 일본에서 근세까지 사용된 제철법'을 사용해 왔습니다.

현대식 제철은 산화철을 많이 함유한 자철광이나 적철광과 같은 철광석, 석탄을 쪄서 만든 코크스탄소를 공급, 석회석 등을 섞어 철을 추출합니다. 이때 철과 산소가 결합한 철 산화물을 주로 일산화탄소로 환원하는 반응이 일어납니다.

산화철(철광석) + 일산화탄소 → 철 + 이산화탄소

그러나 이 상태의 철은 탄소를 많이 함유하고 있으므로 그대로는 사용할 수 없습니다. 여기에 다시 산소를 불어넣어 탄소를 태워 없애야 합니다. 이처럼 철에 함유된 탄소의 양을 조정해 경도나 점도가 다른 다양한 철을 만들어 곳곳에 재료로 이용하고 있습니다.

초기에 알루미늄은 산소와 매우 강하게 결합하고 있는 알루미나라고도 하는 산화알루미늄과 칼륨이라는 금속으로 환원해 추출했습니다.

산화알루미늄 + 칼륨 → 알루미늄 + 산화칼륨

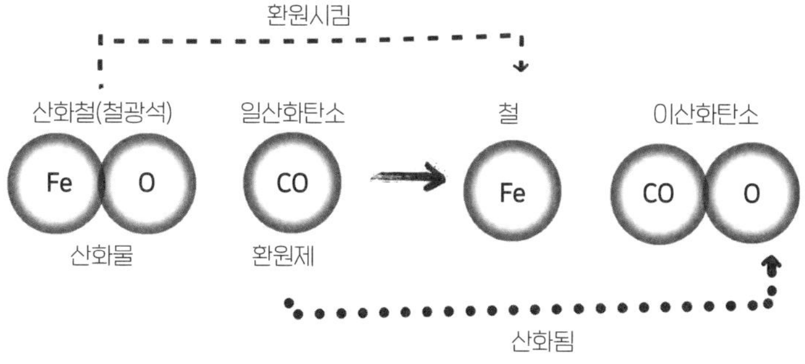

금속산화물을 환원시켜 금속을 얻는 과정

이 방식으로 추출한 알루미늄은 금보다 비쌌다고 합니다. 지금은 용융염 전해법이라는 전기에너지로 분해해 추출하는 대량생산법이 퍼지면서 알루미늄 가격이 저렴해 졌습니다.

결합이 강한 쪽이 상대와 결합함

산화철은 '철과 산소의 산화물'이지만, 산화철에서 철을 얻으려면 산소를 제거해야 합니다. 이때 등장한 것이 일산화탄소입니다.

일산화탄소는 산소를 얻으면 안정적인 이산화탄소가 됩니다. 때문에 일산화탄소는 늘 산소를 원합니다. 그래서 산화철에서 철과 결합하고 있는 산소를 빼앗는 것입니다.

이때 일산화탄소가 산소를 뺏을 수 있는 이유는 철과 산소의 결합보다 일산화탄소와 산소 쪽의 결합이 더 강하기 때문입니다. 산화구리와 수소, 탄소도 구리와 산소의 결합보다 수소와 산소, 탄소와 산소 쪽 결

도둑놈!
나보다 저놈이 더 좋단 말인가…!
산화철(Fe_2O_3)
일산화 탄소 (CO)
산소 (O)
미안해요, 철 씨. 이 사람과 전 운명임을 느꼈어요….
저런 찌질한 철이랑은 헤어져♡
이쪽 결합이 더 강함

변화하는 인간 관계

합이 강합니다. 이것은 마치 훨씬 더 매력적인 사람이 나타나면 새로운 인간 관계가 형성되는 것과 같은 원리입니다.

이것이 공통점!

광석의 금속산화물에서 금속을 추출하려면 금속과 결합하고 있는 산소를 제거해야 합니다. 그래서 그 금속보다 결합력이 강한 산소를 환원제로 반응시킵니다.

22 접착제처럼 천장에 달라붙는 도마뱀붙이의 발

전 세계에 서식하는 도마뱀붙이(게코도마뱀)

도마뱀붙이는 전 세계에 약 650종이 있습니다. 주로 열대와 아열대에 서식하며 일부는 온대에도 분포합니다. 한국, 일본, 중국, 대만 등에 주로 서식합니다.

도마뱀붙이는 사람의 집이나 근처 숲에서 집단으로 서식하며, 초봄에서 늦가을까지는 전등 주변으로 모여든 곤충류를 사냥합니다. 그리고 겨울에는 나무 틈 등에서 조용히 지냅니다.

도마뱀붙이의 몸길이는 10~14 cm이며 색깔은 회색이나 갈색이고 흐린 검은색 얼룩이 있습니다. 발가락은 5개로 잎 모양을 하고 있으며 날카로운 발톱을 가지고 있습니다.

도마뱀붙이가 천장을 걸을 수 있는 이유?

도마뱀붙이는 미끌미끌한 유리에 착 붙어 있거나 천장에 거꾸로 붙어 있어도 떨어지지 않습니다. 이런 신기한 현상의 비밀은 도마뱀붙이의 발바닥에 있습니다. 도마뱀붙이의 발바닥에는 라멜라라고 부르는 탄력성 있는 주름 수십 개가 나열해 있습니다. 라멜라에는 길이 0.1 mm 크기의 뻣뻣한 털이 수백만 개나 나 있으며, 그 끝에는 다시 미세한 털이 나 있습니다. 무수히 많은 털끝은 작은 주걱 모양으로 이루어져 있어서 주걱이라는 뜻의 '스패츌러'라고 부릅니다.

도마뱀붙이가 탄력 있는 발을 천장으로 뻗으면 천장과 발바닥 사이에 약한 전기적인 힘인 '판데르발스의 힘'이라고 하는 '분자 간 힘 분자 내에서 원자를 연결하는 화학 결합보다 훨씬 약한 분자 사이에 존재하는 약한 인력'이 작용하며 달라붙습니다.

그렇다면 '분자 간 힘'이란 무엇일까요? 분자 간 힘은 '분자와 분자 사이에 작용하는 힘'입니다. 분자로 이루어진 물질이 고체나 액체가 되는 이유는 분자 사이에 끌어당기는 힘이 작용하기 때문입니다. 만약 분자끼리 끌어당기는 힘이 없다면 분자는 상온에서도 상당히 높은 속도로 열운동을 하기 때문에 뿔뿔이 흩어져 기체 형태로밖에 존재하지 못할 겁니다.

분자 간 힘에는 '수소결합', '극성', '판데르발스의 힘' 등이 있습니다. 분자 사이의 인력의 세기는 다음과 같은 순서로 나타낼 수 있습니다.

수소결합 > 극성 > 판데르발스의 힘

이 중에서 판데르발스의 힘은 모든 분자 사이에 작용합니다. 앞으로 일상에서 고체나 액체를 보았을 때 분자 간 힘으로 끌어당기고 있는 모습을 상상해 보시기 바랍니다. 물은 수소결합이라는 분자 간 힘으로 결합해 있습니다. 그리고 기름이나 종이, 섬유, 플라스틱은 판데르발스의 힘으로 분자끼리 결합해 있습니다.

그럼 도마뱀붙이가 천장에 붙는 이야기로 돌아가 봅시다. 도마뱀붙이가 탄력 있는 발을 천장에 뻗으면, 달라붙는 데 최적인 각도로 스패츌러가 천장 표면과 맞물리게 되어 스패츌러와 천장 사이에 분자 간 힘이 작용합니다. 스패츌러 하나의 분자 간 힘은 극히 약하지만, 도마뱀붙이는 20억 개나 되는 스패츌러가 있기 때문에 자신의 체중

스패츌러가
편해~♡
뒤집개♡

을 지탱할 수 있습니다. 발바닥 하나만 천장에 붙어 있어도 체중을 버티고 떨어지지 않을 정도입니다.

천장에서 발바닥을 떨어뜨릴 때는 스패출러의 각도를 살짝 바꾸기만 하면 됩니다. 그러면 분자 간 힘이 사라집니다.

켁
쾅
팬이에요~
판데르발스 님…
다다다다닷
판데르발스의 힘♡

접착제로 미끄러운 물건을 붙일 수 있는 이유

우리는 물건과 물건을 붙일 때 접착제를 사용합니다. 접착이 일어나려면 먼저 접착제를 물체 표면에 바르고 펼 수 있어야 합니다. 목공본드로 플라스틱을

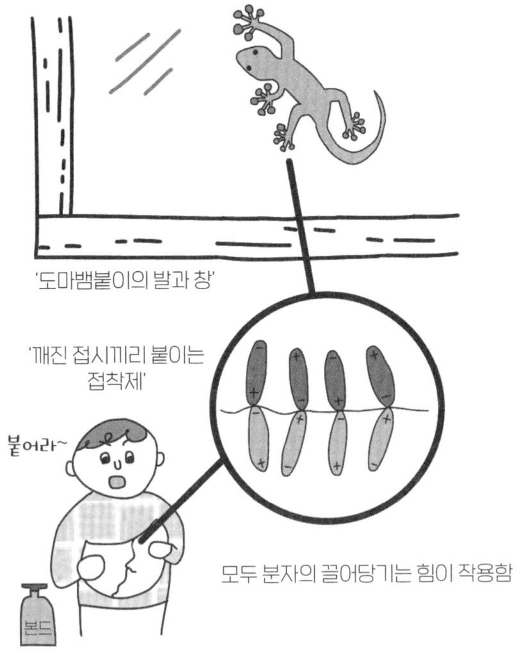

'도마뱀붙이의 발과 창'
'깨진 접시끼리 붙이는 접착제'
붙어라~
본드
모두 분자의 끌어당기는 힘이 작용함

붙이지 못하는 이유는 플라스틱이 목공본드를 튕겨 그 표면에 발리지 않기 때문입니다.

다음으로는 접착제가 굳어야 합니다. 접착제는 바른 뒤 굳어야 붙습니다. 접착제로 물건끼리 붙일 수 있는 것은 모든 접착제가 이 원리를 따른다고는 할 수 없습니다. 표면이 매끈매끈한 물건이라도 붙일 수 있기 때문입니다. 현재는 접착에 가장 많이 기여하는 요소가 '분자 간 힘'이라고 여겨지고 있습니다.

이것이 공통점!

도마뱀붙이가 천장에 달라붙거나 접착제로 물건을 붙이는 것 모두 약한 전기적인 '판데르발스의 힘과 같은 분자 간 힘'이 작용하기 때문입니다.

23 젤리와 일회용 기저귀의 고분자흡수제

탱글탱글한 젤리의 원료는 해조

'한천'의 원재료는 우뭇가사리라는 해조입니다. 우뭇가사리는 적갈색 해조류인데, 여러 번 햇빛에 말리는 동안 색이 빠져 하얗고 반투명한 한천이 됩니다. 우뭇가사리는 한천 등과 같이 '젤리'의 원료로 사용합니다.

한천의 성분은 원료나 제조법에 따라 조금씩 다릅니다. 그러나 보통은 아가로오스라고 부르는 다당류 70%와 아가로펙틴이라는 다른 다당류 30%로 이루어져 있습니다. 다당류는 당이 여러 개 연결된 화합물을 말합니다.

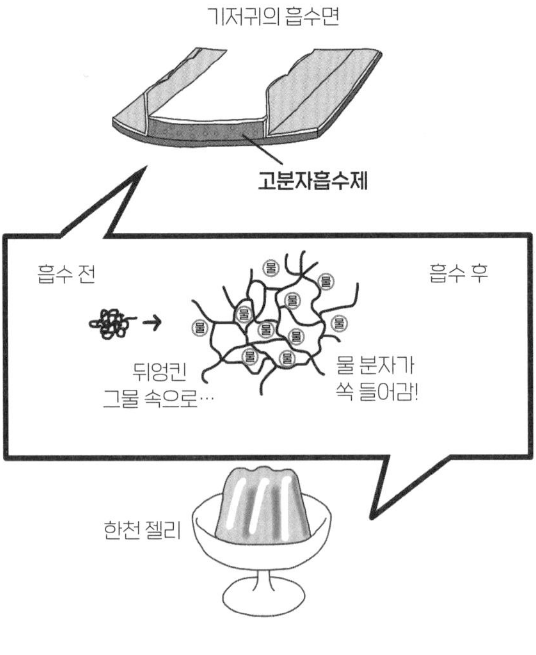

한천은 찬물에서는 녹지 않지만, 뜨거운 물에서는 바로 녹습니다. 1~2% 녹았을 때 불을 끄고 32~39℃까지 온도가 내려가면 이른바 '한천 형태'가 됩니다. 화학적으로는 이 상태를 겔이라고 하며, 겔이 되는 현상을 겔화라고 합니다. 이 특성을 이용해 양갱이나 젤리 등의 식품을 만들 때 널리 사용하고 있습니다.

한천과 같이 겔이 되는 물질로 '젤라틴'이 있습니다. 겉보기에는 한천과 비슷하지만, 다당류는 아닙니다. 젤라틴은 동물의 연골이나 가죽, 힘줄 등에 함유된 콜라겐이라는 단백질로 만드는데, 수많은 아미노산이 연결된 거대 분자로 이루어져 있습니다.

젤라틴도 뜨거운 물에 3~4% 정도 녹았을 때 10℃까지 식히면 겔화합니다. 젤라틴은 과자의 점성을 높이기 위한 식품 첨가물이나 지혈제 등에 폭넓게 사용되고 있습니다.

잼이나 마멀레이드도 겔 상태이긴 하지만, 이들은 펙틴이라는 화합물로 이루어져 있습니다. 사과의 과육이나 감귤류의 껍질에는 펙틴이 많이 들어 있기 때문에 잼을 만들 수 있습니다. 펙틴의 주성분인 D-갈락투론산은 일종의 산성 당으로, 이것이 여러 개 이어져 펙틴을 형성합니다. 젤리를 만들 때는 한천은 물론 펙틴도 자주 사용합니다. 두부나 곤약도 겔 상태의 식품입니다.

겔 상태의 화합물은 모두 큰 분자로, 그물 형태의 구조로 이루어져 곳곳이 물에 잘 녹는 구조인 친수성기를 가지고 있습니다. 커다란 분자에 붙어 있는 친수성기 사이로 물 분자가 쏙 빠지면 각각의 분자가 자유롭게 움직이기 어려워져서 수분 비율이 높은 데도 탄력성 있는 겔 상태가 되는 것입니다.

일회용 기저귀의 원리

사실 일회용 기저귀에는 종이가 들어가지 않습니다. 일회용 기저귀는 3층 구조로 되어 있는데, 피부에 직접 닿는 층인 탑시트는 부직포입니다. 부직포는 섬유를 짜서 만들지 않고 서로 엉키게 해서 시트 모양으로 완성한 것으로 종이 같은 느낌이 나는 소재입니다. 물을 거의 흡수하지 않아 피부와의 접촉면을 보송보송한 상태로 유지해주고 소변은 아래에 있는 고분자흡수제로 보냅니다.

가운데 층이 고분자흡수제로 소변을 재빨리 흡수해 겔화합니다. 가장 바깥쪽 층은 방수시트인 백시트로, 소변이나 냄새가 밖으로 새지 않도록 막아주는 역할을 하는 층이지만, 수증기는 통과할 수 있는 미세한 구멍이 뚫려 있습니다.

일회용 기저귀에 종이가 안 들어가다니….
완전히 속았잖아.
몰랐어~!!

물 보유량을 늘리려면

고분자흡수제는 고흡수성고분자, 흡수성폴리머, 고흡수성수지라고도 부릅니다. 고분자흡수제에는 아크릴산나트륨 등을 중합한, 즉 많이 연결한 폴리아크릴산나트륨 등이 있습니다.

고분자흡수제의 분자는 입체적인 그물 모양 구조를 띠고 있는데, 이 안에 물이 존재하지 않을 때는 뒤엉켜 있어서 크기가 작습니다. 그런데 그물 안에 물을 넣으면 그 속으로 물 분자가 깊숙이 파고들어 갑니다. 그리고 들어간 물 대신 양이온이 빠져나옵니다. 그물 속에는 음이온, 폴리아크릴산의 $-COO^-$이 남아 있지만, 음이온끼리 전기적으로 반발하기 때문에 그물이 더욱 넓어집니다. 그러면 더 많은 물을 흡수할 수 있게 됩니다.

고분자흡수제의 최대 장점은 흡수성과 보수성물질이 보유하는 성질입니다. 탈지면의 흡수량은 자체 중량의 10~20배 정도인데 반해 고분자흡수제는 순수한 물의 경우 흡수량이 자체 중량의 200~1,000배, 소변의 경우에도 30~70배로 지극히 높은 흡수 능력이 있습니다. 소변 등의 배설물에는 염분이 들어 있어 흡수성이 나빠집니다. 또한 탈지면이나 티슈는 한 번 짜면 흡수한 물 분자가 쉽게 나오지만, 고분자흡수제는 외부에서 다소의 압력을 가해도 거의 나오지 않는 높은 보수력도 겸비하고 있습니다. 이렇듯 고분자흡수제는 많은 물을 보유할 수 있기 때문에 식물 재배에 사용하거나 방향제 용기에 넣는 등 다양한 방면에 이용하고 있습니다.

이것이 공통점!

기저귀의 고분자흡수제는 한천이나 젤라틴처럼 '물을 흡수하여 겔화'하지만, 그보다 더 높은 흡수성과 보수성을 지니고 있습니다.

24 토란 잎과 닮은 주걱의 구조

토란 잎 위를 구르는 물방울

토란 잎이나 연잎에는 물을 튕기는 성질이 있습니다. 비가 내리더라도 빗물은 물방울 형태가 되어 구르기 때문에 잎은 젖지 않습니다.

이러한 현상은 토란 잎이나 연잎 표면의 기공 분포와 관계가 있습니다. 우리는 입이나 코로 호흡하며 살아가지만 식물은 잎의 기공에서 산소를 흡수하고 이산화탄소를 내놓는 호흡을 합니다. 따라서 만약 잎 표면이 빗물에 잠기면 호흡을 할 수 없습니다.

받아라~!
잎 표면의 '기공(氣功)'으로!
아닙니다. '기공(氣孔)'입니다!!

또한 잎 위의 물방울은 굴러가면서 광합성에 필요한 햇빛을 막는 오염물도 제거해 줍니다.

표면장력으로 둥근 액체

물처럼 분자로 이루어져 있는 액체는 분자끼리 분자 간 힘이라는 힘이 작용해 서로 끌어당기고 있습니다. 액체 내부의 분자는 상하좌우 등 주변 분자와의 사이에서 분자 간 힘으로 끌어당기며 주변으로부터 계속 분자 간 힘을 받습니다.

그러면 액체 표면에 있는 분자는 어떨까요? 그림에서 액체 분자를 ○로 표시했습니다. 그림의 ● 분자를 주목해 봅시다. 표면의 분자는 좌우 및 아래 방향의 분자와 서로 끌어당기고 있지만, 위로는 끌어당기고 있지 않습니다. 위에 공기가 있다고 해도 공기 분자와는 끌어당기는 힘이 약해서 액체 표면의 분자는 안쪽으로 당기는 힘이 커집니다. 이것이 표면장력의 원리입니다.

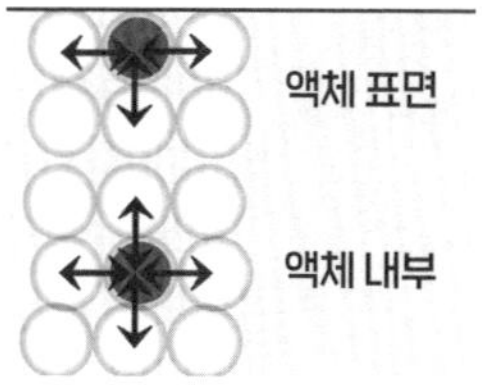

무중력 상태의 물은 구형입니다. 하지만 빗방울은 공기 중을 낙하하기 때문에 빗방울의 바닥면이 공기의 저항을 받아 오목하게 들어가므로 왕만두와 같은 형태를 하고 있습니다.

물을 튕기는 정도가 다른 이유?

액체를 고체 표면에 떨어뜨리면 표면장력으로 둥글어짐과 동시에 고체 표면과 접촉하는 각도에 따라 모양이 달라집니다. 또한 물을 튕기는 정도는 물방울이 고체 표면에 어떤 식으로 접촉하는지를 나타내는 접촉각으로 결정됩니다.

물을 튕기는 성질을 발수성이라고 합니다. 접촉각이 90° 이상이면 발수성, 110°와 150° 사이이면 고발수성, 150° 이상이면 초발수성이라고 합니다. 물과의 접촉각은 물질마다 다릅니다. 예를 들어, 깨끗한 유리 표면을 물이 적실 때 물은 유리 표면에서 퍼지며 접촉각은 10° 이하가 됩니다. 한편, 불소수지 표면의 물방울은 둥글게 모이며 접촉각은 110°가 됩니다.

초발수성의 토란 잎

토란 잎이나 연잎이 초발수성을 띠는 이유는 잎을 이루는 물질에 의한 것이라기보다는 표면의 미세한 구조에 의한 것으로, 잎 표면을 확대해보면 미세한

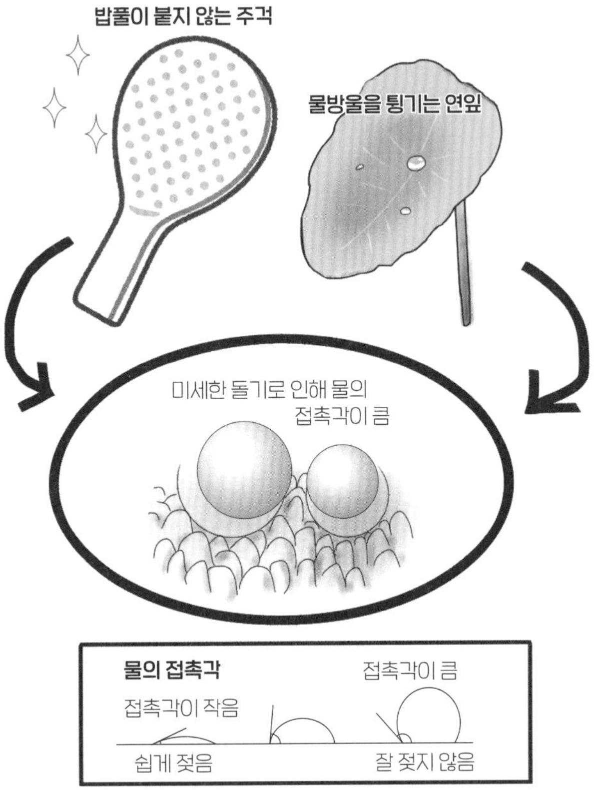

털이 빽빽이 나 있습니다. 물방울은 뾰족한 털끝에 달라붙지만, 대부분 털 사이에 생긴 공기쿠션 덕분에 눌리지 않습니다. 즉, 미세한 요철이 있으면 발수성이 높아집니다.

이처럼 미세한 구조를 이용해 밥풀이 붙지 않는 주걱을 만들어 판매하고 있습니다. 예전에도 요철 구조를 한 주걱이 있었지만, 밥풀이 붙지 않는 주걱은 돌기 위에 한 번 더 작은 돌기가 붙은, 마치 눈사람 같은 형태로 가공한 것이 특징입니다. 이 주걱 위쪽의 작은 돌기는 지름이 겨우 0.6 mm입니다. 토란 잎이나 연

잎과 마찬가지로 볼록한 것은 작은 돌기 부분, 오목한 것은 공기입니다. 밥알은 작은 돌기의 끝에만 접촉하기 때문에 주걱에 밥풀이 잘 붙지 않습니다. 또한 물도 잘 튕겨내므로 갓 지은 밥이나 수분이 많은 진밥에도 효과를 발휘합니다.

젖지 않는 우산

연잎의 구조에 착안해 일본의 한 우산 업체에서 젖지 않는 우산 'NURENZA젖지 않는다는 뜻'을 개발했습니다. 연잎의 구조를 본떠 원단 자체에 발수성을 지니도록 한 것입니다.

연잎의 요철은 초고밀도 폴리에스테르로 만든 실을 잘 직조해 재현했습니다. 예전 상품보다 발수성이 높으며, 또한 섬유에 방수 코팅을 한 것이 아니므로 그 효과가 더 오래 유지된다는 장점이 있습니다.

이것이 공통점!

밥풀이 붙지 않는 주걱과 연잎 모두 미세한 요철이 발수성을 발휘합니다!

25 비눗방울처럼 빛깔이 달라지는 비둘기 목의 광채

색이 변하는 비둘기의 목

공원이나 역 주변에서 자주 볼 수 있는 집비둘기. 몸이 전부 회색이라고 생각할지도 모르지만, 사실 자세히 관찰하면 비둘기의 목 부분은 녹색으로 빛납니다. 게다가 비둘기가 살짝 움직여서 보는 각도가 달라지면 순식간에 보라색으로 변합니다. 어떻게 색이 바뀌는지 그 원리를 알아봅시다.

비둘기의 진짜 목 색?

비둘기의 목에서 가슴에 걸친 부위는 표면의 얇은 막에 반사하는 빛이 '간섭'하기 때문에 색을 띱니다. 이처럼 자신의 색이 아니라 물체의 구조로 인해 띠는 색을 '구조색'이라고 합니다.

그렇다면 빛이 간섭한다는 말은 무슨 뜻일까요? 태양이나 전등 빛과 같이 우리 일상에 존재하는 빛에는 다양한 색의 빛이 섞여 있습니다. 이 빛이 매우 얇은 막과 닿으면 막의 윗면에서 반사하는 빛과 아랫면에서 반사하는 빛이 막의 두께에 따라 강하거나 약하게 만납니다. 이처럼 두 빛의 파장이 겹쳐져 빛이 강하거나 약하게 만나는 현상을 '빛의 간섭'이라고 합니다.

간섭하지 마.
싸우지 마….
너야말로!
빛의 간섭

눈에 보이는 빛의 색 차이는 빛의 파장 차이입니다. 막의 두께에 따라 특정 파장의 빛이 강해지는데, 이로 인해 막이 색을 띠는

듯 보입니다. 막의 두께가 바뀌면 강하게 만나는 파장이 변하므로 막의 색깔도 바뀝니다.

또한 빛이 비스듬히 닿으면 막 내부를 통과하는 빛의 거리가 길어지기 때문에 막이 두꺼울 때와 마찬가지로 막의 색깔이 바뀝니다. 보는 각도에 따라 색이 달라 보이는 현상은 이런 이유 때문입니다.

비눗방울 색의 변화

비눗방울을 날리면 하나하나 색이 다른 것을 볼 수 있습니다. 또한 하나의 비눗방울도 위치에 따라 색이 다르고 심지어 보고 있는 동안에도 색이 달라집

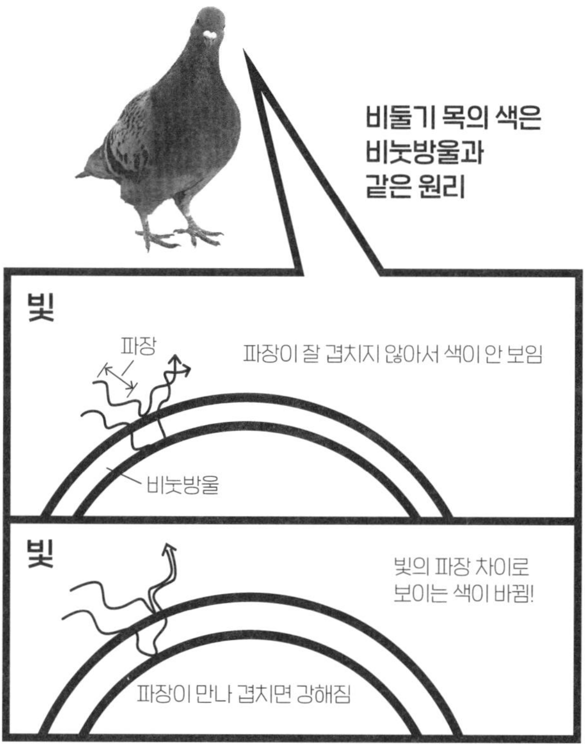
비둘기 목의 색은
비눗방울과
같은 원리
빛
파장
파장이 잘 겹치지 않아서 색이 안 보임
비눗방울
빛
빛의 파장 차이로
보이는 색이 바뀜!
파장이 만나 겹치면 강해짐

니다. 비눗방울 두께의 변화와 보는 각도의 차이에 따라 색이 바뀌기 때문입니다.

비눗방울은 비누 등의 계면활성제와 물로 만든 얇은 막으로 이루어져 있습니다. 비눗방울의 막은 중력의 영향을 받으므로 아래쪽이 두꺼워집니다. 또한 비눗방울이 만들어진 순간부터 막 내부의 물이 증발하기 때문에 점점 얇아집니다.

가시광선은 빨간색 → 노란색 → 초록색 → 파란색 → 보라색 순서로 점점 파장이 짧아집니다. 비눗방울의 막이 두꺼울 때는 가시광선의 파장 범위에서 간섭이 일어나지 않으므로 색이 보이지 않습니다. 막이 얇아져 색이 보이기 시작하면 막의 두께 변화에 따라 빨간색 → 노란색 → 초록색 → 파란색 → 보라색으로 색이 변하고, 더 얇아지면 간섭이 일어나지 않게 되어 색이 사라집니다.

막 두께의 변화와
보는 각도의…
차이!
깜짝!!
그리고 비둘기.
무지개색!
나 말야?!

또한 비눗방울은 구형이므로 중심부에서 주변부로 갈수록 빛이 막을 비스듬한 각도로 반사합니다. 그래서 동심원 모양으로 이어진 색의 변화를 즐길 수 있습니다.

일상 속 구조색

수면에 떠다니는 기름띠의 색이 변하는 현상도 얇은 기름띠로 인한 빛의 간섭 때문입니다. 빛의 간섭은 얇은 막 외에도 미세한 틈이나 돌기, 미세한 입자, 여러 겹으로 쌓인 막 등에 의해서도 일어납니다. 또한 색의 변화는 굴절이나 회절, 산란 등의 물리현상으로도 일어납니다.

CD나 DVD의 뒷면은 빛이 닿는 방향이나 보는 각도에 따라 무지개색으로 보입니다. 뒷면이 디지털 정보를 기록하기 위한 미세한 요철로 이루어져 있기 때문입니다. 이 요철로 인해 빛의 간섭이 일어나 무지개색으로 빛납니다.

전복 등의 조개류 안쪽에도 무지개색 광택이 납니다. 조개 안쪽은 탄산칼슘을 주성분으로 하는 얇은 막으로 된 진주층이 여러 겹 쌓여 있는데, 각각의 막에서 반사하는 빛이 간섭하여 무지개색 광채를 띱니다. 전통 기술인 나전은 조개류의 이 진주층을 잘라내 목심이나 칠면에 붙이는 기술입니다.

비단벌레의 날개를 사용한 경주에 있는 황남대총 비단벌레 장식 금동 말안장 뒷가리개는 비단벌레 날개 2,000여 장을 사용해 만들어 영롱한 초록빛의 금속 광채를 내는 풍부한 색채를 볼 수 있습니다. 갑충류가 이와 같은 색채를 띠는 것은 갑충류의 날개가 여러 겹의 키틴질이 겹쳐져 있기 때문입니다.

살아 있는 보석이라고 불리는 모르포나비는 아름답게 빛나는 푸른색 날개를 가지고 있습니다. 이 또한 빛의 간섭으로 파랗게 보이는데, 모르포나비의 경우 어느 각도에서 보더라도 파랗게 빛나는 신기한 구조색을 띱니다. 도요타의 자동차 렉서스에는 이러한 모르포나비의 구조색을 응용해 만든 파란색 페인트로 도장한 모델이 있습니다.

이것이 공통점!

비둘기 목 색깔과 비눗방울 색 모두 얇은 막에서 반사한 '빛이 간섭해 만들어낸 색'입니다.

26 모기에서 찾은 무통 주사의 원리

조용히 다가와 피를 빠는 모기

어디선가 무심결에 접근해 사람의 피부에 침을 찔러 피를 빨고 가는 모기. 크기는 작지만 사실 인간에게 가장 위험한 생물입니다. 모기에게 물려 말라리아나 뎅기열, 일본뇌염 등이 발병해 사망하는 사람이 매년 70만 명에 달하기 때문입니다.

모기에 찔리는 순간 바로 따끔하고 아프면 모기가 피를 빨기 전에 쫓을 수 있겠지만, 나중에서야 물린 걸 알아채기 때문에 성가십니다.

모기가 찔러도 아프지 않은 이유

모기는 동물의 냄새나 배출하는 이산화탄소, 열을 민감하게 감지해 접근한 다음 피부에서 피를 빨아들입니다. 모기의 침은 단순히 찌르기만 하는 벌침과는 달리 빨아들이는 구조로 되어 있는데, 빨대처럼 단순하지는 않습니다.

나비처럼 꿀을 빠는 곤충의 일종은 두 개의 구기 사이에서 일어나는 모세관현상을 이용해 꿀을 빨아들이는데, 모기의 구기는 이보다 더 복잡합니다. 혈액을 빨아들이기 위한 바늘과 그것을 지탱하는 큰 턱이 있으며 혈액이 굳지 않도록 타액을 주입하는 바늘이 하나 더 있습니다. 더욱 놀라운 것은 톱과 같이 날이 있는 두 개의 침이 있는데, 이것으로 피부나 혈관을 짼 다음 바늘을 찔러 넣습니다. 그런데 이 톱날이 통증을 느끼지 못하게 하는 가장 큰 이유라고 합니다.

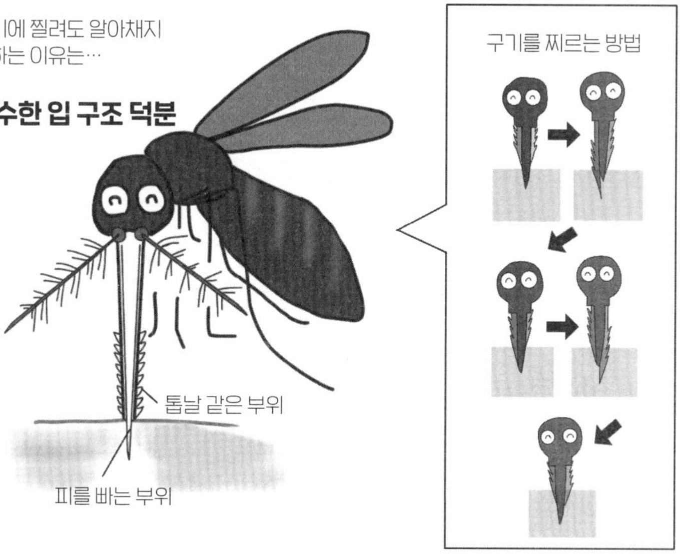
모기에 찔려도 알아채지
못하는 이유는…
특수한 입 구조 덕분
톱날 같은 부위
피를 빠는 부위
구기를 찌르는 방법

모기가 배부를 정도로 피를 빨았다 해도 겨우 2 mg 정도입니다. 그러나 이 양을 한 번에 다 빠는 것이 아니라 여기저기 다니며 빨기 때문에 빨면서 토해낸 다른 동물의 혈액 속 바이러스가 퍼지는 것입니다.

자기 체중 정도의 피를 먹은 모기는 둔해지므로 잡힐 확률이 높아집니다. 산란을 준비하는 암컷은 수분을 오줌으로 내보내 혈액 속 영양분을 농축해 체내로 축적합니다. 즉, 산란기의 암컷 모기만 피를 빠는 것이고 산란기가 아닌 암컷이나 수컷은 식물의 꿀 등을 빨아 생활합니다.

산란기가 아닐 때
수컷은 꿀을 빨지만.
비밀로 해줘.
체면이
있으니까….
『모기의 비밀』

'공포의 주사' 이미지를 바꾸다!

누구나 싫어하는 병원이지만, 치과의 '지잉' 하는 드릴 소리와 주사만은 못 견

디겠다는 사람이 많습니다. 또한 주삿바늘은 아무리 숙련된 간호사가 찔러도 아프기 마련입니다.

주사기의 역사는 1844년, 중공침빨대처럼 가운데가 비어 있는 침의 발명으로부터 시작됩니다. 현재의 주사기처럼 관이 붙은 것이 아니라 바늘만 사용해 진통제를 피하에 주입했다고 하는데, 당시의 바늘은 지금보다 훨씬 두꺼워서 틀림없이 매우 아팠을 것입니다. 1852년에는 주사기가 발명되어, 더욱 가늘어진 바늘로 약을 주입할 수 있도록 발전했습니다. 그러나 가운데가 비어 있으므로 역시 아픔을 동반했습니다.

그런데 당뇨병 환자처럼 혈당 체크를 위해 하루에도 여러 번 바늘로 찔러 혈액을 채취해야 하는 사람들이 있습니다. 그런 사람들을 위해 조금이라도 통증을 줄일 수 있는 바늘을 개발하고자 연구가 시작되었습니다.

이때 힌트가 된 것이 모기의 입 구조입니다. 바늘이 부러져 체내에 남으면 곤란하므로 인체에 무해한 폴리젖산이라는 플라스틱제를 사용해 톱날 같은 형태의 바늘을 개발했습니다. 이로 인해 통증은 상당히 줄었지만, 이 바늘에는 단점이 하나 있습니다. 당뇨병 환자의 채혈을 위한 바늘이기 때문에 가운

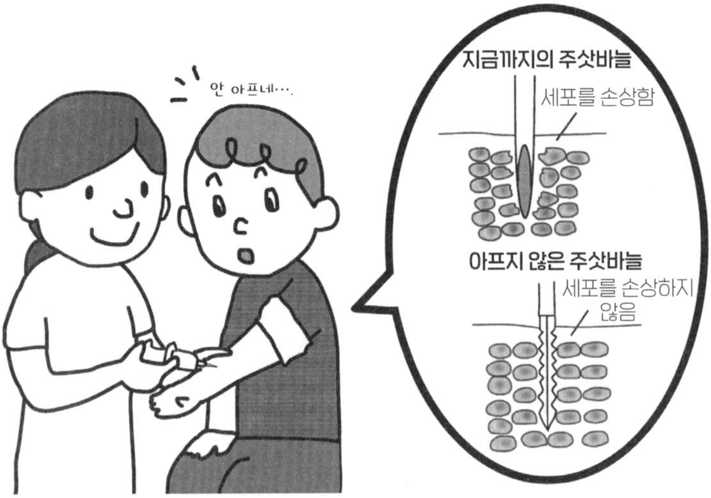

데가 비어 있지 않은 것입니다.

지금은 세계 각국의 의료기기 업체에서 통증 없이 약제를 주입할 수 있는 바늘을 개발하고 있습니다. '더욱 가늘게, 모기의 입처럼'을 목표로 지금까지 사용하지 않았던 레이저 가공 기술까지 도입되면서 가까운 장래에는 완벽한 무통바늘이 탄생할 가능성이 높아지고 있습니다.

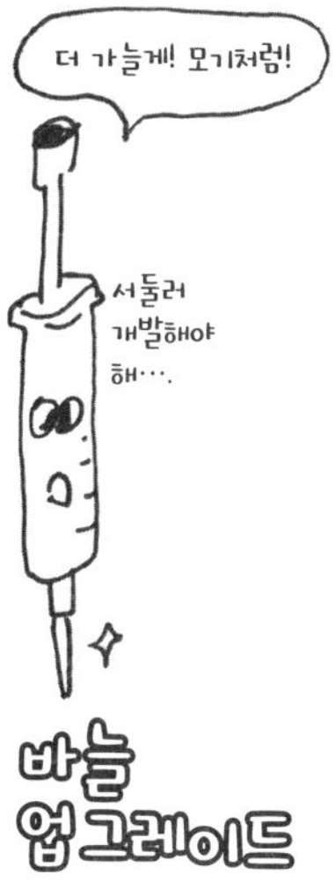
더 가늘게! 모기처럼!
서둘러 개발해야 해….
바늘 업그레이드

이것이 공통점!

아프지 않은 주삿바늘과 모기의 톱날 바늘 모두 통증을 느끼지 않게 하려는 노력의 결과입니다!

27 배좀벌레조개를 모방해 건설한 터널

전 세계에서 만드는 터널

예전부터 험한 산길을 질러가거나 광물을 파기 위해 땅속에 구멍을 뚫어 터널을 만들었습니다. 현재는 '계획한 위치에 정해진 단면도대로 설계한 지하 구조물로, 시공법과 관계없이 완성한 단면적이 2 m^2 이상인 것'을 터널이라 정의합니다.

지형 때문에 직선 도로나 철도를 만들기 어려운 경우, 지하나 산은 물론 해저까지 터널을 파서 직선화합니다. 그러면 이동 속도가 빨라지고 대량으로 운송할 수 있을 뿐 아니라 교통사고도 줄어듭니다. 그래서 인간은 세계 각국에서 다양한 방법으로 터널을 만들어 왔습니다.

실패의 연속인 터널 건설

터널의 역사를 살펴보면 기원전으로 거슬러 올라갑니다. 관개용 수로로 사용할 터널을 만들기도 했고 강을 횡단하기 위해 지하터널을 만들기도 했습니다. 지금처럼 자동차나 열차가 없던 옛날에는 빠른 이동 수단은 오로지 배였습니다. 강의 흐름을 단축하기 위해 운하 터널을 만들었는데, 끌과 망치를 사용해 오직 인간의 힘만으로 파 들어가는 방법은 매우 비효율적이었고 노예를 혹사시켰습니다.

이윽고 화약이 발명되었고 이를 이용해 터널 공사를 하게 되면서 효율은 압도적으로 올라갔습니다. 그러나 터널 규모가 커지면 커질수록 작업 도중 무너지거나 침수에 의한 피해가 생기는 등 사고도 잦아졌습니다.

음냐 음냐. 터널은 어두워.

1798년, 런던을 종단하는 템스강 지하에 터널을 만드는 계획이 세워졌습니다. 증기기관도 이미 보급되어 있었으므로 물이 솟아올라도 어느 정도는 펌프로 길어 올릴 수도 있었습니다. 주위를 튼튼한 판으로 보강하며 파 들어갔지만, 관통을 40 m 정도 남기고 천장이 뚫리면서 대량의 강물이 흘러들어와 건설 계획이 중지되고 말았습니다.

배좀벌레조개를 모방!

바다 생물 중에는 생태 방식이 신기한 동물이 많습니다. 예를 들어, 갈매기조개는 껍데기 일부에 마치 줄쇠붙이를 쓸거나 깎는 데 쓰는 강철로 만든 연장처럼 단단한 부분이 있으며, 몸 전체를 회전해 암석에 구멍을 뚫고 그 안에서 생활합니다. 그리고 큰구슬우렁이는 치설이라는 부위를 바지락과 같은 조개류의 껍데기에 대고 둥근 구멍을 뚫어 내부에 있는 살을 먹습니다.

가장 신기한 것은 배좀벌레조개입니다. 겉모습은 지렁이처럼 길쭉한 몸을 하고 있지만, 사실은 연체동물로 큰 개체도 두께가 2.5 mm 정도밖에 안 되는 조개의 일종입니다. 배좀벌레조개는 갈매기조개처럼 줄 같은 부위가 붙은 껍데기를 회전해 바닷속에 있는 목재에 구멍을 뚫습니다. 공생하는 박테리아가 목재의 주성분인 셀룰로오스를 분해하는 효소를 내뿜어 소화시키는데, 이를 먹이로 삼아 생활합니다. 배좀벌레조개는 몸은 작지만, 한 달 정도면 나무 말뚝을 망가뜨릴 정도의 힘이 있습니다. 물속에 있는 목재에 뚫은 구멍을 관찰하면 막 상태의 석회질로 덮여 있는 것을 볼 수 있습니다. 단순히 구멍만 뚫는 것이 아니라 동시에 구멍 안쪽의 벽을 보강하며 침수를 방지하는 것입니다.

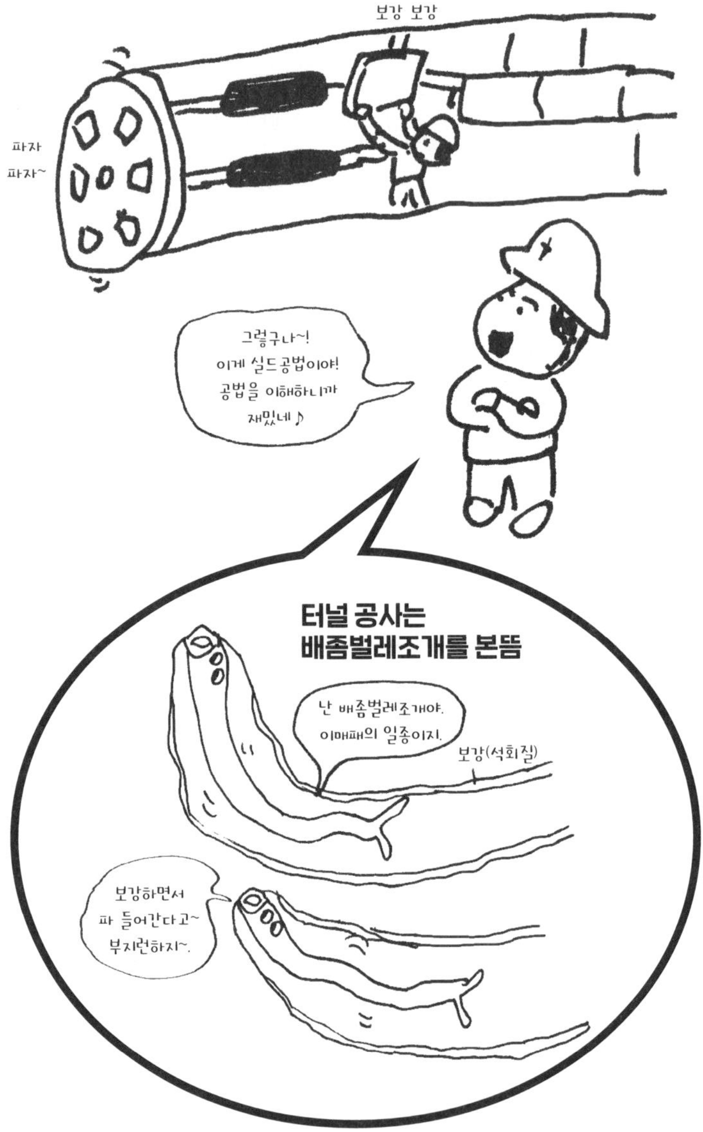

보강 보강
파자
파자~
그렇구나~!
이게 실드공법이야!
공법을 이해하니까
재밌네♪
터널 공사는
배좀벌레조개를 본뜸
난 배좀벌레조개야.
이매패의 일종이지.
보강(석회질)
보강하면서
파 들어간다고~
부지런하지~.

템스강 지하에 반드시 터널을 뚫어 보이겠다던 영국의 마크 브루넬은 새어 들어오는 물로 인해 몇 번이나 실패한 터널 굴착에 배좀벌레조개의 방식을 도입하고자 했습니다. 이에 연약한 강 지반을 석회질이 아니라 철근으로 보강

하며 파 들어가는 '실드공법'을 고안해냈습니다. 원통형 철근을 지면에 박고 안쪽을 판 다음 다시 철근을 박아 넣었습니다. 그리고 파낸 곳은 벽돌로 덮어 터널을 완성해 나갔습니다. 간단하게 들리지만, 실제로 템스강 지하를 횡단하기란 쉬운 일이 아니기 때문에 17년이나 되는 세월이 걸렸습니다.

실드공법을 사용한 런던 지하철

세계 최초로 지하철을 개통한 곳은 런던입니다. 당시 세계 최고의 대도시였던 런던의 교통은 마비 상태였습니다. 이를 해소하고자 1861년에 지하에 철도를 만들자는 계획이 세워졌습니다. 그리고 불과 3년 만에 5 km의 지하철이 개통되었습니다. 이 또한 실드공법 덕분입니다. 다만, 당시에는 전차가 아닌 증기기관차가 지하를 달렸습니다. 상상만 해도 아찔하지만, 지하철 속도는 화젯거리였습니다.

이것이 공통점!

터널 기술은 배좀벌레조개가 안쪽을 '보강'하면서 파 들어가는 점을 참고해 개발되었습니다!

28 유해한 빛으로부터의 보호, 오존층 효과와 자외선 차단제

대류권과 성층권

지구에는 대기가 존재하며 약 500 km 높이까지 퍼져 있습니다. 또한 대기는 높이 올라갈수록 희박해지며 온도도 변화합니다. 대류권은 지상에서 약 10~15 km 높이까지의 대기층으로, 대류가 활발하며 상공으로 갈수록 온도가 낮아집니다.

구름이나 강수 등의 기상 현상은 대류권에서 일어납니다. 대류권보다 위쪽은 고도가 상승함에 따라 온도 저하가 줄어들다가 반대로 기온이 상승합니다. 이 대기층은 대류가 일어나기 어려운 성층권입니다. 고농도의 오존이 자외선을 흡수하면 대기가 뜨거워지는데, 이것이 성층권을 형성하는 주원인입니다. 지상에서 약 20~30 km 부근의 성층권에는 오존 가스가 많이 분포하는 '오존층'이 있습니다.

태양에서 온 빛에는 눈에 보이는 빛뿐만 아니라 사물을 데우는 적외선과 생물에게 매우 유해한 자외선 등이 포함되어 있습니다.

유해한 빛과 오존층의 역할

오존층은 어떤 기능을 할까요? 태양에서 온 빛 중 400~770 nm나노미터 부근의 파장을 눈에 보이는 빛이라는 뜻으로 가시광선이라 부릅니다. 그리고 770 nm보다 긴 파장을 적외선, 가시광선에 비해 파장이 짧은 400 nm 미만의 빛을 자외선이라고 부릅니다. 또한 자외선은 파장에 따라 분류되는데, 파

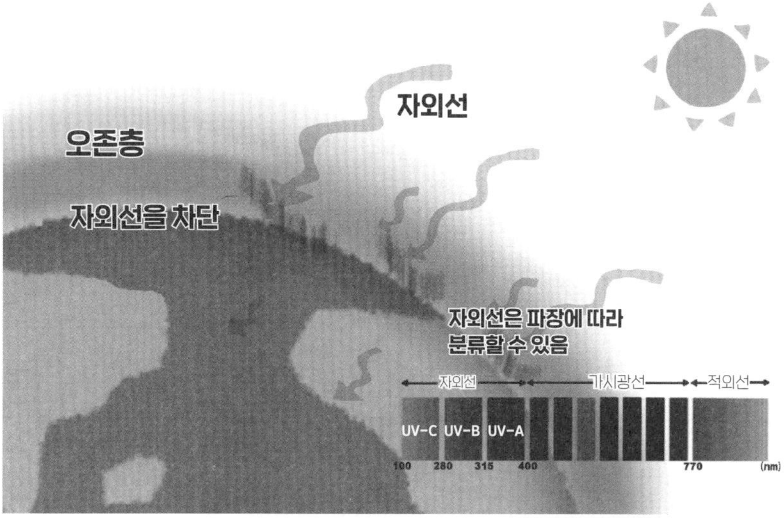

자외선으로부터 지구를 지키는 오존층

장이 315~400 nm인 자외선을 UV-A, 280~315 nm인 자외선을 UV-B, 280 nm 미만인 자외선을 UV-C라고 합니다. 오존층은 생물에게 유해한 자외선을 흡수해 지구 생태계를 보호하는 중요한 기능을 합니다.

유해한 빛으로부터 피부를 보호!

자외선은 피부에 흡수되면 체내에서 비타민 D를 합성한다는 장점도 있지만, 세포 내의 DNA를 손상시키거나 피부암을 발병시킨다는 단점도 있습니다.

생물에게 유해한 UV-C는 오존층과 대기 중 산소 분자에 흡수되어 지표면에는 도달하지 않습니다. 그리고 UV-B는 오존층에서 흡수되지만, 일부는 지표에 도달해 피부암을 발생시키거나 피부를 태워 기미나 주근깨를 유발합니다. 파장이 긴 UV-A는 오존층에서는 별로 흡수되지 않고 지표면에 도달합니다. UV-B보다 유해성은 적지만 주름이나 피부 처짐의 원인이 됩니다.

피부를 태우는 주된 원인인 UV-B는 피부 깊숙이 도달하지는 않습니다. 하지만 피부가 타면 먼저 붉게 변하는데, 이는 자외선이 피부에 화상을 입히기 때문입니다. 그 후 자외선으로부터 피부를 보호하기 위해 피부에서 검은 멜라닌 색소를 대량으로 생산해 자외선을 흡수합니다. 만들어진 멜라닌 색소는 신진대사에 의해 피부 표면에 떠오른 뒤 얼마 되지 않아 벗겨져 떨어지지만, 기미나 주근깨 같은 색소 침착을 일으킬 수도 있습니다. UV-A는 UV-B처럼 급격한 변화를 일으키지는 않지만, 서서히 피부를 검게 만듭니다.

자외선 방지를 위해서는 기본적으로 모자나 옷, 양산을 함께 사용해야 합니다. 또한 해수욕이나 하이킹처럼 자외선에 노출되기 쉬운 경우 유해한 빛으로부터 피부를 지켜주는 자외선 차단제를 발라야 합니다. 자외선 차단제에 배합되어 있는 성분인 자외선 방어제는 산란과 흡수라는 두 가지 역할로 분류할 수 있습니다.

자외선 산란제는 자외선을 물리적으로 반사해 자외선이 피부에 닿는 것을 방지합니다. 산화아연이나 산화티타늄 등의 광물 유래 성분이 많아 발랐을 때 하얗게 보입니다. 반면, 자외선 흡수제는 자외선을 화학적으로 흡수합니다. 합성화합물이 많아 자외선의 에너지를 흡수할 때 화합물의 분자 구조가 변하는 성질 때문에 시간이 흐름에 따라 성능이 떨어집니다. 오존층도 마찬가지입니다. 오존은 불안정

오존층이 있어서
아름다운 피부를
유지할 수 있어♡
오~
좀비다!!

자외선으로부터 피부를 지키는 자외선 차단제

하며 소멸과 생성을 반복하고 있습니다.

오존층의 증가로 지상에 생물 진출

지금으로부터 약 35억 년 전, 지구상에 생명이 탄생했습니다. 최초로 바닷속에서 남조류가 탄생하여 광합성을 통해 바다에 녹아 있는 이산화탄소를 흡수하고 산소를 배출했습니다. 이로 인해 대기 중의 산소는 점점 증가했고 강한 자외선을 받아 오존이 생성되어 하늘에 오존층이 형성되었습니다. 이 오존층은 유해한 자외선을 흡수해 지상의 생명을 지키고 있습니다. 그러나 최근 프레온가스로 인해 오존층이 파괴되어 자외선 투과량이 늘어나는 문제가 발생하고 있습니다.

이것이 공통점!

오존층과 자외선 차단제 모두 유해한 자외선으로부터 생태계와 피부를 지켜준다는 점이 같습니다!

29 우엉가시에서 얻은 힌트, 벨크로테이프

벨크로테이프란

일본에서는 일반적으로 벨크로테이프란 일본벨크로현 쿠라레이라는 회사에서 1960년부터 제조 및 판매하고 있는 '매직테이프'라는 상표를 말합니다. 현재는 자회사인 쿠라레이패스닝주식회사구 매직테이프주식회사가 제조 및 판매하고 있습니다. 상표가 아닌 명칭으로는 찍찍이, 후크 앤드 루프 패스너라고 불리고 있습니다.

우연히 얻은 힌트!

스위스의 발명가 조지 드 메스트랄은 1941년에 알프스로 등산을 갔을 때 자신의 옷이나 반려견의 털에 붙은 '우엉가시'가 잘 떨어지지 않는다는 사실을

바늘 끝이 갈고리처럼 되어 있는 우엉가시(우엉의 씨앗)

알아챘습니다. 이를 신기하게 여긴 그는 씨앗을 가지고 돌아와 즉시 현미경으로 관찰해 보았다고 합니다. 그러자 무수한 갈고리로 이루어진 열매의 구조를 발견할 수 있었는데, 그 갈고리가 옷이나 개털에 착 달라붙어 있던 것입니다.

메스트랄은 이 사건을 계기로 1948년부터 연구를 시작했습니다. '우엉가시'의 구조를 의류에 붙여 입고 벗을 때 편하게 할 수 있지 않을까 생각한 것입니다. 그리고 1955년, 시행착오 끝에 특수한 나일론실을 사용해 무수한 갈고리로 이루어진 찍찍이를 발명했습니다. 이것이 찍찍이의 탄생 스토리입니다.

찍찍이는 우엉가시를 본떠 만든 것이므로 우엉가시의 구조를 연구하면 원리를 쉽게 이해할 수 있습니다. 찍찍이처럼 자연 속 생물의 구조를 따라 공업 제품을 만드는 것을 생체모방, '바이오미메틱스'라고 합니다.

우와~!
대단해~!!
야생 우엉 씨앗
내가 없었다면
찍찍이는
찰싹
찰싹
삐죽
삐죽
없었을걸!
도깨비? 방망이?

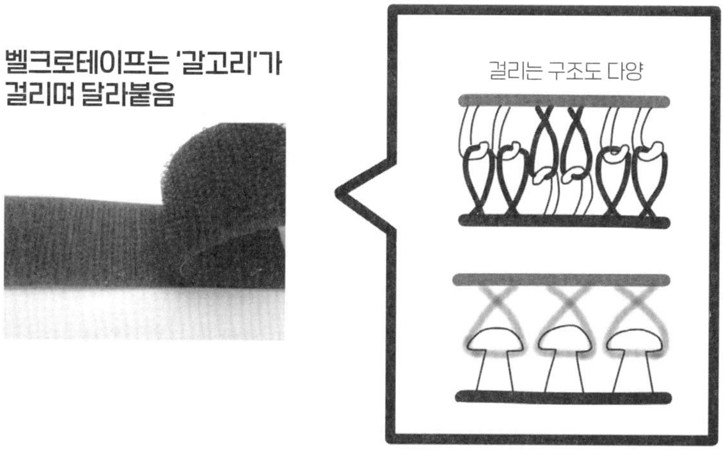

벨크로테이프는 '갈고리'가
걸리며 달라붙음
걸리는 구조도 다양

우엉가시는 왜 붙을까?

식물은 자손을 남기기 위해 다양한 방법을 사용하여 씨를 여러 장소에 퍼트립니다. 씨를 바람에 날리기, 터뜨려 날리기, 물에 띄워 보내기, 새나 동물이 먹게 해 배설물로 이동시키기, 바로 아래로 떨어뜨리기, 우엉가시처럼 사람이나 동물에 붙기 등 참으로 다양한 방법이 있습니다.

그럼 우리도 메스트랄처럼 현미경으로 우엉가시를 관찰해 볼까요? 앞 페이지의 사진은 우엉의 씨앗으로, 바늘 끝이 갈고리처럼 생겼습니다. 이 부분이 옷이나 동물 털에 휘감겨 먼 곳까지 이동하는 것입니다.

실제 벨크로테이프는 어떨까요? 앞 페이지의 아래 사진을 보면 밑쪽은 우엉의 씨처럼 생긴 나일론 갈고리로 이루어져 있습니다. 위쪽은 달라붙는 동물의 털에 해당하는 부분으로 타원형의 걸림고리로 되어 있습니다. 닿으면 까끌까끌하게 느껴지는 갈고리 부분을 A면 또는 수컷이라 부르고, 보송보송한 걸림고리 부분을 B면 또는 암컷이라고 부릅니다.

기본 구조 외에도 다양한 종류의 찍찍이가 개발되어 있습니다. 그중에는 한 면에 갈고리와 걸림고리가 모두 붙어 있도록 만든 것이 있는데, 갈고리를

벨크로테이프 그럼 벨크로테이프의 시초는 무엇일까요? 1960년 일본에서는 두 장의 천이 딱 달라붙어 탈착이 자유로운 '마법 테이프'라는 뜻의 '매직테이프'라는 상품이 나왔습니다. 쿠라레이에서 최초로 생산과 판매를 했지만, '매직테이프®'라는 이름이 전국에 퍼진 것은 그보다 시간이 조금 흐른 뒤인 1964년입니다. 도쿄올림픽에 맞춰 개통한 도카이신칸센(도쿄에서 오사카를 잇는 신칸센 노선 중 하나)의 좌석 머리받침 커버 고정용 제품으로 매직테이프가 선정되면서 크게 주목받은 것입니다. 현재 찍찍이의 대명사가 된 '매직테이프®'는 쿠라레이의 등록상표입니다.

걸림고리보다 짧게 만들어 원단이 손상되지 않고 보푸라기 등이 붙지 않도록 고안했습니다. 또 어떤 것은 갈고리 부분이 버섯 모양으로 되어 있어 걸리면 쉽게 떨어지지 않습니다.

좀 달라붙겠습니다.
착륙!
※ 귀찮은 눈치

이것이 공통점!

우엉가시와 벨크로테이프 모두 갈고리가 걸리며 달라붙습니다!

30 가벼움과 강도를 모두 추구하는 벌집 구조

튼튼하고 가벼운 비행기 부품

벌집 구조는 정육각형이나 정육각기둥을 빈틈없이 나열한 구조물을 말합니다. 왜 다른 모양도 아니고 하필 정육각형일까요?

같은 면적을 다양한 형태로 감쌀 때 가장 둘레가 작은 것은 원입니다. 그런데 원기둥 파이프로 물체를 감싸면 반드시 틈이 생겨 버립니다. 수평을 꽉 채울 수 있는 모양은 삼각형, 사각형, 육각형밖에 없습니다. 그리고 그중에서 가장 둘레가 짧은 것이 육각형입니다. 둘레가 가장 짧다는 말은 재료가 적게 든다는 뜻이고, 이는 당연히 경량화로도 연결됩니다.

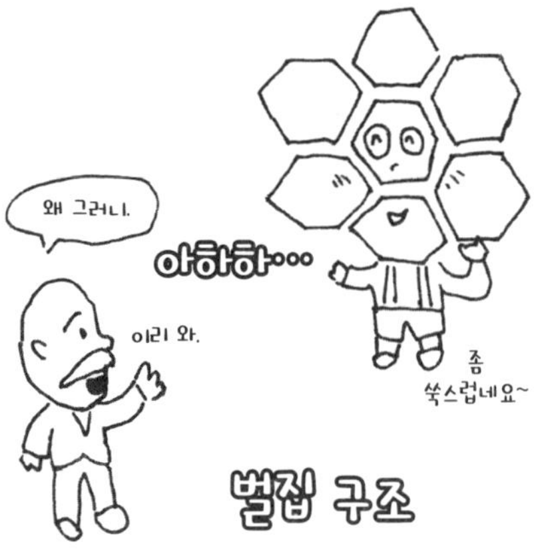
왜 그러니.
아하하···
이리 와.
좀 쑥스럽네요~
벌집 구조

가장 강한 것은 몇 각형?

강도만 따졌을 때 가장 강한 것은 삼각형으로 힘을 가해도 잘 변형되지 않습니다. 그러나 평면으로 채울 때는 삼각형보다 육각형 쪽이 더 튼튼합니다. 힘이 분산되기 때문입니다. 삼각형은 한 변에 힘을 가하면 남은 두 변으로 힘이 분산하지만, 육각형은 다섯 개의 변으로 분산하기 때문에 각각에 가해지는 힘이 줄어듭니다. 즉, 가벼우면서 충격흡수력이 큰 육각형으로 만든 벌집 구조가 최선입니다.

벌집 구조를 잘 활용한 대표적인 예가 비행기 부품입니다. 비행기 부품은 강도가 필수적입니다. 튼튼한 금속을 사용해 비행기를 만들면 당연히 강도는 증가합니다. 하지만 동시에 무게도 증가하므로 비행기 부품에 필요한 '경량화'라는 또 하나의 조건을 만족하지 못하게 됩니다.

그래서 비행기의 기체 패널 등에는 벌집 구조로 이루어진 판을 샌드위치 속처럼 끼워 사용하게 되었습니다.

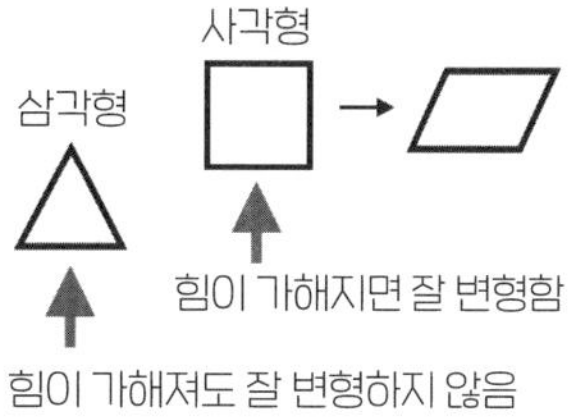

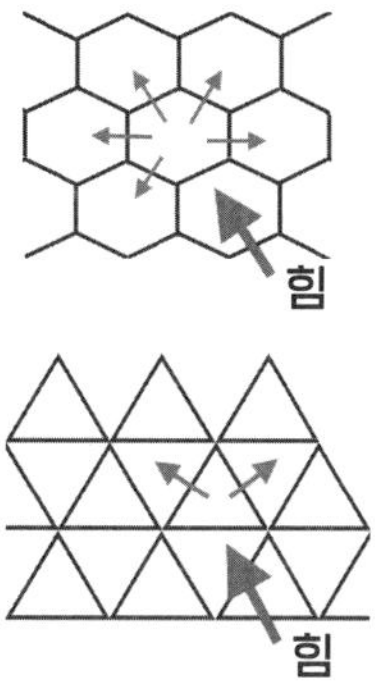

벌집의 두께는 0.073 mm

꿀벌의 집은 밀랍이라는 방수성 있는 소재로 이루어져 있습니다. 밀랍은 일벌의 복부에 있는 분비샘에서 분비되는 납 성분입니다.

일벌의 수는 아주 많으므로 큰 집을 만들 수 있지만, 한 마리의 벌이 만들어낼 수 있는 밀랍의 양은 아주 적습니다. 적은 밀랍을 이용해 집을 짓기 위해서는 육각형 즉, 육각기둥이 가장 적합합니다. 게다가 공간을 효율적으로 활용할 수 있도록 꿀벌의 집은 양면에 방이 붙어 있습니다. 잘 관찰해 보면 육각기둥을 단순히 양면에 깔아 놓은 것이 아닙니다. 살짝 비스듬하게 깔려 있고 끝부분은 육각뿔 형태로 되어 있어서 강도를 더욱 크게 했습니다.

100 g의 밀랍으로 8,000개나 되는 방이 있는 집을 만들 수 있습니다. 벽 두께는 두꺼워도 0.073 mm밖에 되지 않습니다. 이처럼 얇고 부드러운 소재지만, 1 kg의 밀랍으로 만든 벌집 구조의 집은 22 kg이 넘는 물체를 지탱할 수 있다는 조사 결과도 있을 정도로 튼튼합니다. 오래 전부터 꿀을 얻기 위해 벌과 가까이 지낸 인간이 튼튼한 벌집을 참고해 다양한 방면에 이용해 온 것입니다.

위험해!
멀리 튀자!
고소할 거야!
따라 하지 마!

이것이 공통점!

벌집 구조와 벌집 모두 강도와 경량화를 모두 만족하는 '육각형'을 활용합니다!

과학으로 풀어보는 일상 속 수수께끼

4장

31 드라이아이스로 볼 수 있는 서리, 상고대, 세빙 현상

물의 세 가지 모습

물이라고 하면 주로 액체를 떠올리시겠지만, 사실 물은 고체, 액체, 기체라는 세 가지 상태로 존재합니다. 물은 상태에 따라 고체 상태의 물을 얼음, 기체 상태의 물을 수증기라고 합니다.

물은 분자라는 작은 입자들이 모여 이루어져 있습니다. 얼음은 물 분자가 단단한 진영을 구축하고 있으며, 액체의 물은 얼음만큼 단단하지는 않지만 물 분자끼리는 연결되어 있습니다. 얼음을 이루는 물 분자는 자신의 위치에서 움직이지 못하지만, 액체의 물은 움직일 여유가 있습니다. 수증기의 물 분자는 하나하나 떨어져 있으며 엄청난 기세로 날아다닙니다. 어떤 물질이 기체 형태일 때 그 분자는 하나하나 떨어져 휭휭 날아다니는 '뿔뿔, 휙휙' 상태라 할 수 있습니다.

얼음에서 수증기로의 변화를 알아봅시다. 가정용 냉동고는 영하 18℃ 정도입니다. 얼음도 그 온도에서 만들어집니다. 얼음을 꺼내 주전자에 넣고 가열하면 얼음의 온도가 점점 올라가다가 0℃가 되면 녹기 시작해 물이 됩니다. 모든 얼음이 녹기 전까지는 0℃를 유지합니다.

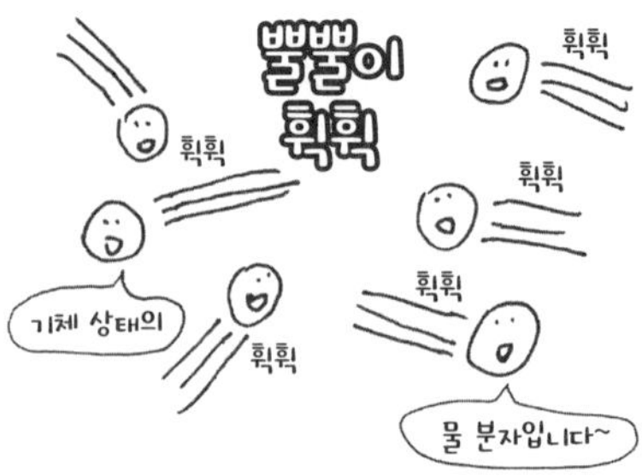
뿔뿔이
휙휙
휙휙
휙휙
휙휙
휙휙
휙휙
기체 상태의
물 분자입니다~

얼음이 녹아 전부 액체의 물이 되면 다시 온도가 올라가기 시작합니다. 온도가 올라감에 따라 눈에는 보

이지 않지만, 표면에서 왕성하게 수증기가 발생합니다. 그리고 100℃가 되면 물속에서 기포가 부글부글 나오며 끓기 시작해 점점 수증기가 됩니다. 모든 물이 증발하기 전까지는 100℃를 유지합니다.

이때 주전자 뚜껑 안쪽에는 수증기가 기체에서 액체로 액화되어 물방울이 맺힙니다. 주전자의 주둥이에서는 수증기가 계속 나오지만 눈에는 보이지 않습니다. 그러나 수증기가 주둥이에서 조금 멀어져 식으면 미세한 물방울로 돌아가 하얀 김이 됩니다.

물 ⇄ 수증기의 변화도 있다

앞에서 본 것은 얼음(고체) → 물(액체) → 수증기(기체)가 되는 변화였지만 열을 식히면 수증기(기체) → 물(액체) → 얼음(고체)이 되는 변화도 볼 수 있습니다. 또한 물(액체)을 거치지 않고 얼음(고체) → 수증기(기체)나 수증기(기체) → 얼음(고체)으로 되는 변화도 있습니다.

자연의 서리는 '공기 중의 수증기가 직접 얼어붙어 생긴 것'입니다. 서리

상고대

는 하나하나 떨어진 물 분자가 달라붙어 결정이 됩니다. 눈의 결정은 '바늘, 와인잔, 깃털, 육각판, 종' 모양으로 성장합니다. 상고대는 매우 강력한 서리로, 나무에 붙은 수증기가 얼면서 발생합니다. 높은 산이나 극지방에서 주로 발생하는 세빙은 공기 중의 수증기가 바로 얼음 입자로 변한 것으로, 이 입자가 천천히 내리며 햇빛을 반사해 반짝반짝 빛나는 현상입니다.

물에서 바로?
뭐~! 기체?
액체 는!?

드라이아이스를 사용하면 수증기 → 얼음을 간단히 볼 수 있다

가정에서도 냉각제로 사용하는 드라이아이스가 있으면 서리를 쉽게 볼 수 있습니다. 드라이아이스는 탄산가스, 즉 이산화탄소를 고체 형태로 만든 것입니다. 백색의 고체 상태인 드라이아이스는 그냥 두면 액체 상태를 거치지 않고 기체 상태의 이산화탄소가 되어 크기가 작아집니다. 드라이아이스는 영하

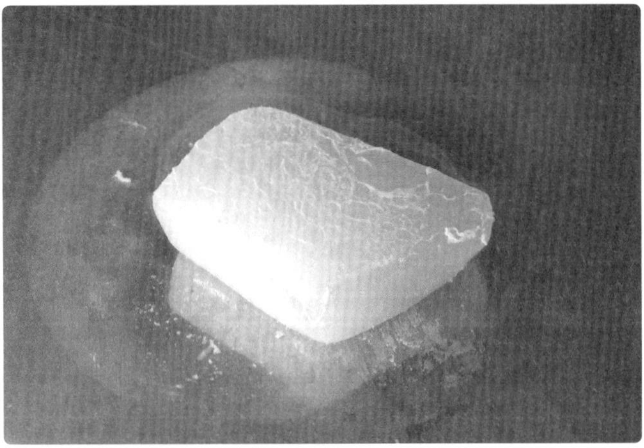

드라이아이스

드라이아이스 드라이아이스는 냉동식품이나 아이스크림을 살 때 함께 딸려 오기도 합니다. 가게에 따라 보냉용 드라이아이스 기계를 설치한 곳도 있습니다.

드라이아이스의 '드라이(dry)'는 '마른', '아이스(ice)'는 '얼음'이라는 뜻입니다. 이름의 유래는 세계 최초로 대량 생산에 성공한 미국의 '드라이아이스 코퍼레이션(Dryice Corporation)'이라는 회사에서 붙인 상품명입니다.

80℃ 정도로 매우 차갑기 때문에 맨손으로 다루면 동상을 입을 수 있으니 주의해야 합니다.

드라이아이스를 공기 중에 방치하면 주변에 수염 같은 것이 붙습니다. 이것은 '얼음'입니다. 공기 중의 수증기가 바로 얼음이 되어 붙는 현상은 자연에서 서리가 생성되는 방법과 같습니다. 눈앞에서 서리의 성장 과정을 볼 수 있는 것입니다. 또 드라이아이스로 차갑게 한 금속 캔 안에 입김을 불어넣으면 세빙을 만들 수도 있습니다.

이것이 공통점!

서리, 상고대, 세빙은 드라이아이스가 공기 속 수증기를 얼리는 것과 같은 원리로 만들어집니다.

32 스프레이로 알아보는 구름의 형성 과정

구름은 어떻게 만들어질까?

공기가 머금고 있는 수증기가 만약 눈에 보인다면 물 분자는 뿔뿔이 흩어져 훨훨 날아다니고 있을 것입니다. 이러한 공기 덩어리가 식으면 수증기 일부가 수증기 상태를 유지하지 못하고 뿔뿔이 흩어졌던 물 분자가 달라붙어 액체인 물방울로 변합니다. 즉, 공기 중의 수증기가 공중에서 식어 작은 물방울이 된

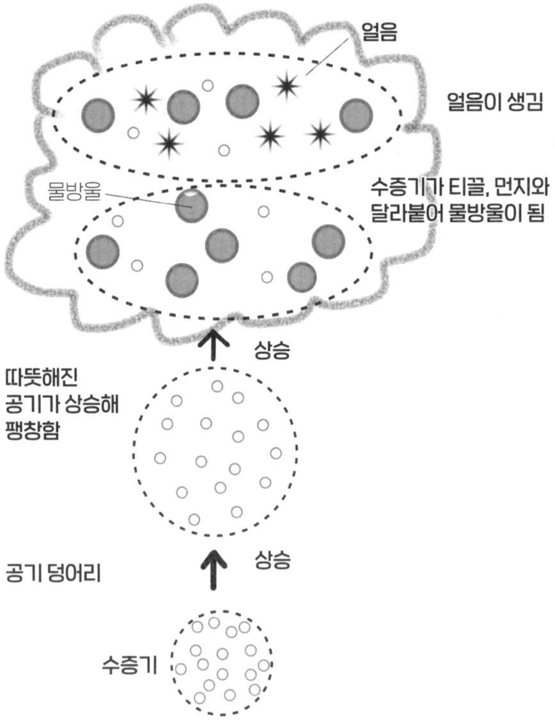

구름의 생성 원리

것이 '구름'입니다. 높은 하늘에서는 얼음 알갱이로 이루어져 있습니다.

수증기가 식어서 물방울이 될 때는 공기 중의 먼지 따위가 구름을 만드는 씨앗, 즉 응결핵이 됩니다. 씨앗은 청소할 때에 나오는 먼지와 달리 더 작고 습기를 머금기 쉬운 물질로, 바다의 물보라가 바람을 타고 흐르는 동안 증발되면서 만들어진 소금 결정이나 연료를 태울 때의 연기 성분 등입니다.

그러면 지면 근처에 있는 공기 덩어리를 떠올려 봅시다. 공기에는 수증기가 포함되어 있습니다. 태양의 열로 인해 지면이 따뜻해지면 지면과 접촉한 공기도 따뜻해져 팽창합니다. 팽창한 공기는 위로 올라가고 주변으로부터 차가운 공기가 흘러들어오며, 흘러들어온 공기도 이내 따뜻해져 팽창합니다. 이러한 과정을 반복하면서 공기는 상승합니다.

대기는 위로 올라갈수록 대기압이 낮아지므로 상승한 공기 덩어리는 더 팽창합니다. 팽창하면 온도가 낮아지는데, 이것을 '단열팽창에 의한 온도 저하'라고 합니다.

스프레이에서 나오는 기체가 차가운 이유?

스프레이에서 '슉!' 하고 나온 기체가 차가워서 놀란 적은 없으신가요? 압축된 공기가 들어 있던 스프레이에서 공기를 분출하면 공기의 온도가 내려갑니다. 이는 '단열팽창'이라는 현상으로, 열의 출입이 없을 때 기체를 팽창시키면 기체의 온도가 내려갑니다. 외부에서 열, 즉 에너지가 가해지지 않는다는 조건하에서 외부의 압력에 저항해 부피를 늘리기 위해 열이라는 자신의 에너지를 사용하기 때문입니다.

스프레이에서 나온 기체는
팽창해 온도가 내려감

기체가 되기 쉬운 액체가 들어 있는 스프레이에서 기체를 내보내면 캔은 차가워집니다. 그 이유는 기체가 나온 만큼 캔 속의 액체가 기체가 되면서 주변에서 기화열을 빼앗기 때문입니다.

어떤 압력에도
굴하지 않아!
단열팽창
에너지 업!!
뭉게뭉게

단열팽창의 반대는 단열압축입니다. 단열압축은 압축이 가해지지만, 에너지를 외부로 방출할 수 없어 기체의 온도가 올라가는 현상입니다.

상공에서 일어나는 공기의 팽창

공기가 상승해 단열팽창이 일어나 온도가 내려가면 공기 덩어리 속 수증기는 더 이상 수증기 상태를 유지할 수 없는 포화 상태가 됩니다. 그리고 더욱 상승하게 되면 수증기 일부는 공기 중의 먼지를 씨앗으로 하여 물방울이 됩니다.

공기가 상승할 때 온도가 내려가는 비율은 구름이 생성되기 전까지는 100 m 올라갈 때마다 1℃ 정도, 구름이 생성된 후부터는 100 m당 0.5℃ 정도입니다. 구름이 생성되기 시작하면서 온도 하강 폭이 줄어드는 이유는 수증기가 물방울이 되면서 주변으로 열을 방출하기 때문입니다. 공기가 더욱 상승해 온도가 내려가면 수증기가 승화해 공기 속 먼지를 씨앗으로 삼아 빙정이라는 얼음 결정이 됩니다.

온도가 낮아져
응결됨으로써 귀하를
빙정으로…
빙정

구름의 정체는 물방울이나 얼음 결정이 공기 중에 떠다니고 있는 것입니다. 물방울이나 얼음 입자가 생성되면 중력의 영향으로 떨어져야 하지만, 매우 작고 가벼워서 약한 상승기류를 타고 공중에 떠다닙니다. 위로 향하는 공기의 흐름을 상승기류라고 하는데, 상승기류가 있는 곳에 구름이 생성됩니다. 그러나 하늘 위 공기 덩어리가 아래를 향하는 흐름, 즉 하강기류일 때는 아래로 갈수록 압축되어 온도가 올라갑니다. 따라서 상공에 구름이 있더라도 하강기류를 만나면 구름이 사라져버립니다.

이것이 공통점!

구름과 스프레이에서 분출된 공기의 공통점은 '단열팽창'입니다. 따뜻해진 공기 덩어리가 위로 올라감에 따라 대기압이 낮아지면 팽창하고 내부 온도가 낮아져 수증기가 응결하여 구름이 됩니다.

33 에어컨, 냉장고 그리고 물 먹는 새

끝없이 움직임을 반복하는 물 먹는 새

물 먹는 새는 오른쪽 페이지 아래 그림과 같은 장난감 새입니다. 부리로 컵의 물을 마시면 몸을 크게 일으켜 세운 뒤, 잠시 후 다시 부리를 물에 대고 마시는 동작을 끝없이 반복합니다.

이 끝없이 반복하는 새의 움직임은 참 신기합니다. 물 먹는 새는 전지, 모터, 자석, 고무, 용수철 등 어떤 동력이나 에너지도 사용하지 않으면서 움직이기 때문입니다.

영구기관 물 먹는 새의 움직임은 영구기관이 아닐까 하는 착각을 일으킵니다. 영구기관은 두 가지로 생각할 수 있습니다. 첫 번째는 제1종 영구기관입니다. 외부에서 아무 에너지도 받지 않고 일을 할 수 있는 기관인데, 에너지 보존 법칙에 의해 불가능하다고 여겨집니다.

두 번째인 제2종 영구기관은 에너지 보존 법칙에 위배되지 않는다고 여겨졌습니다. 기관이 일을 하며 한 번 쓴 에너지를 회수해 영구히 돌려쓴다는 발상입니다. 이쪽도 엔트로피 증가의 법칙에 의해 불가능하다고 여겨집니다.

기화열로 움직이는 새

물 먹는 새가 어떻게 움직이는지 알아봅시다. 물 먹는 새는 유리로 만든 머리와 엉덩이가 유리관으로 연결되어 있고 내부에는 색이 있는 액체가 들어 있습니다. 이 액체는 다이클로로메테인염화메틸렌, CH_2Cl_2으로, 파란색이나 빨간색 등으로 물들어 있습니다. 액체 이외의 공간에는 공기가 들어가 있는 듯 보이지만, 사실 공기는 없습니다. 공기처럼 보이는 부분은 사실 다이클로로메테인 기체로 채워져 있습니다.

부리와 머리를 감싼 펠트가 물을 빨아들이면 빨아들인 물이 공기 중으로 증발합니다. 부리와 머리는 물이 증발하면서 기화열을 빼앗기므로 온도가 낮아집니다. 그러면 온도가 낮아진 부리와 머리의 유리구 속 다이클로로메테인 기체는 액체가 되고 기압이 내려가기 때문에 엉덩이에 있는 액체 다이클로로메테인이 몸통인 유리관을 지나 머리 쪽으로 빨려 올라갑니다.

이로 인해 부리와 머리 부분이 무거워져 물이 있는 위치까지 고개를 숙이게 되고 다시 물을 빨아들이게 됩니다. 그와 동시에 유리관에 길이 열리고 그곳을 통해 기체 다이클로로메테인이 들어가면 머리 쪽 기압이 올라가 액체 다

기화열을 사용해
끝없이 움직임

물 먹는 새가 움직이는 원리

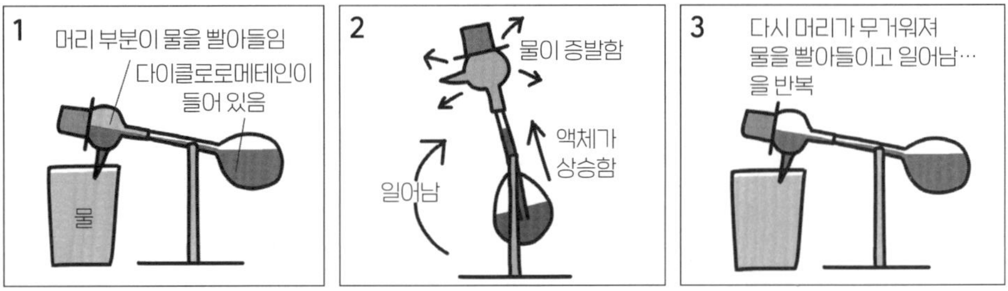
1
머리 부분이 물을 빨아들임
다이클로로메테인이 들어 있음
물
2
물이 증발함
액체가 상승함
일어남
3
다시 머리가 무거워져 물을 빨아들이고 일어남… 을 반복

이클로로메테인이 엉덩이로 흘러 들어갑니다. 액체가 엉덩이로 흘러 들어가면 엉덩이가 무거워져 몸을 크게 일으킵니다. 몸을 일으키면 부리와 머리에 묻은 물이 쉽게 증발하며 기화가 진행됩니다.

물 먹는 새는 이 과정을 반복해 움직입니다. 그러므로 부리와 머리 부분의 물이 기화하지 않으면 물 먹는 새는 움직이지 않습니다. 실제로 습도가 100%인 곳에서는 움직이지 않습니다. '기화열'이 신기한 움직임의 열쇠입니다.

에어컨과 냉장고도 기화열을 사용

그러면 에어컨이나 냉장고의 구조를 알아볼까요? 에어컨이나 냉장고 안에는 액체에서 기체로, 기체에서 액체로 변화하는 물질인 냉매가 있습니다. 에어컨이나 냉장고는 압축기로 기체 냉매를 압축해 고온고압의 상태로 만든 다음, 이번에는 응축기로 고온고압의 액체 냉매로 바꿉니다. 이때 발생한 열은 실외기나 냉장고 밖으로 방출됩니다.

그다음 증발기나 모세관에 통과시켜 압력을 낮춰 액체 냉매를 기화하기 쉽게 만듭니다. 여기서 기화열을 빼앗는 것인데, 액체에서 기체로 바뀌면서 온도가 낮

냉매를…
쓰고 있어.
퇴마사
유령
그래서 오싹한 거로군~!!

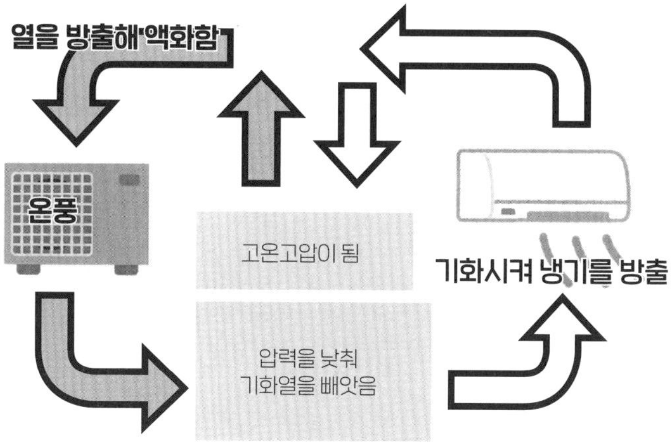

에어컨에서 찬바람이 나오는 원리

아지는 것입니다. 냉각기를 통해 액체 냉매가 기화할 때 발생한 냉기를 실내나 냉장고 안으로 보냅니다. 이 과정을 반복하면서 실내와 냉장고 속 온도를 낮춥니다.

이것이 공통점!

에어컨과 냉장고의 냉기와 물 먹는 새는 모두 '기화열'의 원리로 작용합니다!

34 발열 도시락은 건조제로 설명할 수 있다!

김이 나는 도시락

도시락은 기차 여행의 즐거움 중 하나입니다. 차가운 도시락이 일반적이지만, 끈을 당기기만 하면 갑자기 김이 나며 몇 분 뒤에는 갓 지은 밥처럼 따끈따끈해지는 가열식 도시락도 있습니다.

도시락에는 대략 다음과 같은 설명이 적혀 있습니다.

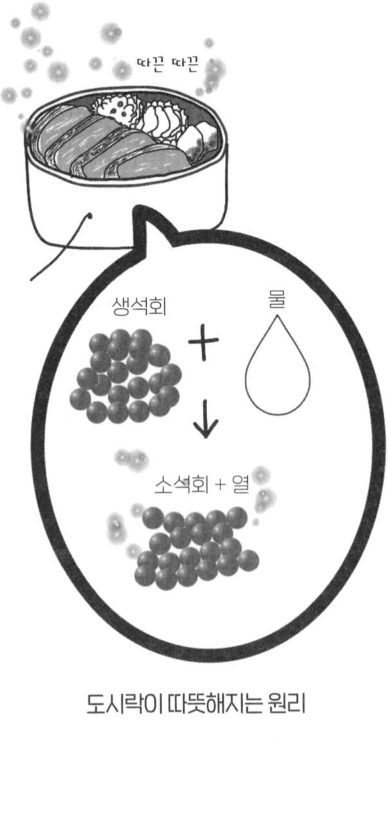

도시락이 따뜻해지는 원리

'용기를 평평한 장소에 두고 뚜껑을 닫은 채로 끈을 끝까지 완전히 잡아당겨 주십시오. 끈을 당기면 몇 초 안에 증기가 발생합니다. 조작할 때는 뜨거운 증기에 주의하십시오. 뚜껑을 열지 말고 8~10분 기다려 주십시오.'

가열식 도시락은 하얀 가루 형태의 생석회와 물이 각각 들어 있습니다. 이는 발열에는 생석회와 물이라는 두 가지 물질이 관여한다는 뜻입니다. 불도 사용하지 않았는데, 어떻게 갑자기 뜨거워지는 것일까요?

도시락
이 현상을 '따끈따끈화'라고 합니다.
$CaO + H_2O \rightarrow Ca(OH)_2$ + 열
저 혼자만….

건조제로 사용하는 생석회

사실 생석회는 건조제로도 자주 사용합니다. 김이나 과자, 영양제처럼 습도가 염려되는 식품에는 건조제가 함께 들어 있는데, 건조제는 크게 실리카겔과 생석회로 나뉩니다. 반투명 입자에 파란색이나 분홍색 입자가 섞여 있는 것이 실리카겔, 흰색 가루가 생석회입니다. 생석회는 수분을 흡수하면 소석회라는 흰색 가루가 됩니다. 이때 열이 발생하지만, 생석회와 수분이 소량으로 천천히 반응하기 때문에 걱정하지 않아도 됩니다.

실리카겔에 섞여 있는 입자에는 건조 상태에서는 파란색, 수분을 흡수하면 분홍색이 되는 염화코발트라는 물질이 달라붙어 있습니다. 건조 능력이 다 떨어졌는지 아닌지 판단하기 위해 섞은 것입니다.

식품이 포장된 봉지에는 건조제 외에 탈산소제가 사용됩니다. 봉지 속에 있는 산소를 흡수해 식품의 산화를 방지하는 것입니다. 또한 벽장이나 옷장에 넣는 건조제에는 염화칼슘이라는 물질이 들어 있는데, 수분을 흡수하면 걸쭉

해집니다. 실리카겔이나 생석회보다 5배 정도 강력한 수분 흡수력을 자랑하지만, 식품에는 사용하지 않습니다.

석회의 동료들

그러면 석회의 동료들에 대해 알아봅시다. 석회석탄산칼슘, $CaCO_3$을 강한 불에 태우면 이산화탄소CO_2를 방출해 생석회산화칼슘, CaO가 됩니다. 생석회는 물과 반응해 소석회수산화칼슘, $Ca(OH)_2$가 되며, 소석회 수용액이 실험에서 사용하는 석회수입니다. 석회수에 이산화탄소를 통과시키면 뿌옇게 흐려지는데, 이것이 탄산칼슘입니다.

건조제 봉투에는 '먹을 수 없음'이라거나 '물에 절대 젖으면 안 됨' 등의 경고문이 적혀 있습니다. 물과 반응하면 엄청난 고열이 발생하거나 강한 알칼리성을 띠게 되므로 봉투를 찢어 물에 넣는 위험한 행동은 하지 말아야 합니다.

예전에는 학교 운동장에 선을 그릴 때 소석회를 사용했습니다. 하지만 각막 등에 들어가는 등의 사고가 발생하면서 석회석 분말로 바뀌었습니다.

소량의 건조제도 위험

건조제인 생석회도 물과 닿으면 강하게 발열합니다. 가열식 도시락은 높은 발열량을 위해 대량의 생석회를 사용합니다. 소량의 생석회라도 눈 등에 들어가면 위험합니다. 가열식 도시락에는 많은 양의 생석회가 들어 있으므로 다 쓴 건조제라도 내용물을 꺼내는 위험한 행동은 삼가야 합니다.

철 + 산 + 물의 발열 반응을 이용하는 일회용 손난로

일회용 손난로 겉봉투에는 성분이 적혀 있습니다. 모든 일회용 손난로에 반드시 적혀 있는 두 가지 성분은 철분과 물입니다.

성분에는 적혀 있지 않지만, 일회용 손난로가 발열하기 위해서는 공기 중 산소의 역할도 중요합니다. 철분은 작고 표면적이 큰 철가루 형태로 들어 있습니다. 철가루와 산소, 물이 반응해 열이 발생하는 것으로 철이 녹스는 과정을 빨리 일어나도록 하는 것입니다. 이때의 반응은 철과 산소뿐 아니라 물까지 산화하는 복잡한 반응이 일어납니다.

뭐어~~!!
화끈
화끈
화끈
안에 철가루가
확확 들어 있대.
난 손난로라고!
산소랑 물에 반응한대.

이것이 공통점!

생석회와 물은 화학반응을 일으킵니다. 가열식 도시락은 화학반응이 일어날 때 발생하는 열을 이용합니다.

35 모터와 스피커의 작동 원리

왼손으로 이해하는 모터의 원리

자기장 안에서 전류는 힘을 받습니다. 자기장 안에서 전류가 받는 힘의 방향은 그림과 같이 왼손의 세 손가락을 직각으로 만들어 중지부터 순서대로 '전류·자기장·힘'으로 나타내며, 이를 플레밍의 왼손 규칙이라고 합니다.

모터는 전기 에너지를 회전에너지로 바꾸는 기계로, 자기장 안에서 전류가 받는 힘으로 회전합니다.

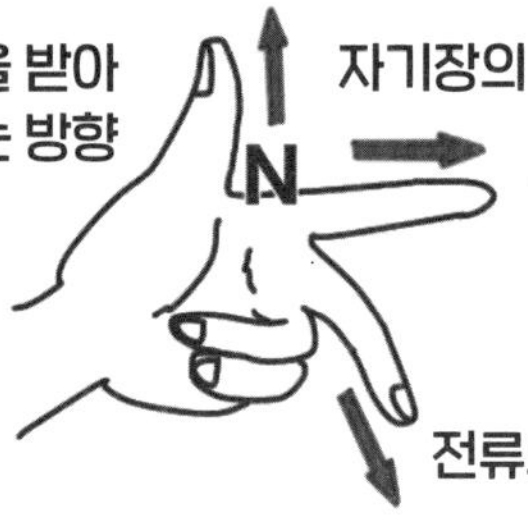

음파란?

소리를 내고 있는 물체는 떨리거나 흔들리는 진동을 하고 있습니다. 공기에 전해진 물체의 진동을 우리의 청각이 소리로 느낍니다.

예를 들어, 북을 '둥!' 하고 두드리면 주변 물체도 진동합니다. 북의 진동이 공기를 진동시키면 공기의 진동이 주변 물체까지 진동시키기 때문입니다. 이때 우리 귓속의 고막도 함께 진동하는데, 진동 신호가 신경을 따라 대뇌로 전달되어 소리로 느껴집니다.

북의 가죽이 진동하면 공기를 밀거나 당깁니다. 그러면 공기에는 '밀'이라고 하는 빽빽한 부분과 '소'라고 하는 드문드문한 부분이 생깁니다. 공기가 빽빽하고 드문드문하다는 것은 공기의 밀도가 크고 작다는 말과 같으며, 공기 중으로 전달되는 소리는 공기의 밀도 변화를 통해 전달되기 때문에 소밀파라고 부릅니다. 한편, 소리는 공기뿐만 아니라 고체나 액체로도 전달됩니다.

공기를 움직여 소리를 만드는 스피커

스피커는 라디오나 TV, 스테레오 장치 등에서 음성 전류를 소리로 바꾸는 장치입니다. 이 책에서는 현재 가장 많이 사용하는 다이내믹 스피커에 대해 알아보겠습니다.

핵심은 음성 전류가 흐르는 음성 코일입니다. 음성 코일은 공기를 움직여 소리로 바꾸기 위한 콘지라고 하는 진동판이 붙어 있으며, 음성 코일 주위의 자석에서는 방사 형태의 자기장이 형성됩니다.

스피커에서 소리가 나오는 것도 모터가 도는 것도…
플레밍의 왼손 규칙으로 이해할 수 있다!

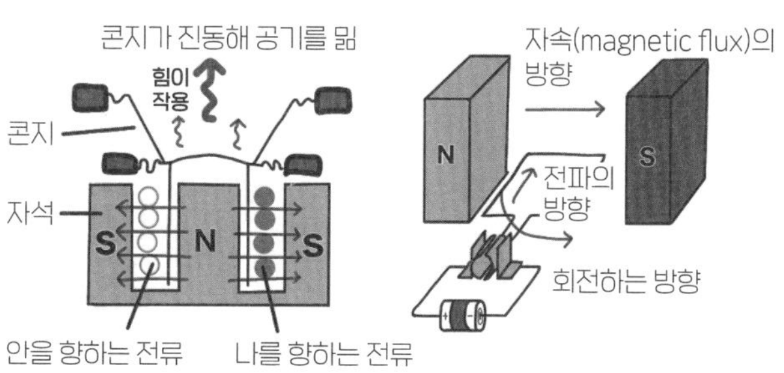

플레밍의 왼손 규칙을 따라 중지를 음성 전류의 방향, 검지를 N극에서 S극으로 향하는 자기장의 방향으로 하면, 엄지가 힘의 방향이 됩니다. 따라서 음성 코일에 전류가 흐르면 진동판이 위아래로 움직입니다. 진동판이 진동함에 따라 공기도 진동하며 소리가 발생합니다.

모터와 스피커 모두 플레밍의 왼손 규칙을 사용해 모터의 회전, 음성 코일과 진동판의 진동을 설명할 수 있습니다.

손쉽게 모터 만들기

좀 더 간단한 방법으로 직접 스피커를 만들어 봅시다. 종이컵 바깥쪽 바닥에 페라이트 자석전자 공업에 널리 사용되는 망가니즈, 코발트, 니켈 등의 산화물과 철로 만든 자석을 붙입니다. 그리고 그 주변에 에나멜선을 수십 차례 감은 코일을 붙이고, 그 코일을 라디오 스피커 단자에 연결하면 완성입니다. 완성된 스피커에서 라디오의 소리가 희미하게 들립니다.

이번에는 완성한 종이컵 스피커를 라디오의 마이크 입력 단자에 연결한 뒤 종이컵을 향해 말을 하면 녹음도 할 수 있습니다. 음질은 좋지 않지만, 재생할 수 있습니다. 종이컵으로 만든 수제 마이크, 다이내믹 마이크로폰입니다.

모터가 스피커가 된다고?

그럼 모터는 스피커가 될 수 없을까요? 저는 '모형용 직류 모터에는 자석과 코일이 들어 있으니 스피커로 만들 수 있지 않을까?'라는 궁금증이 생겨 라디오 스피커 단자에 직류 모터를 연결했습니다. 작긴 하지만, 확실히 모터에

종이컵이지만 작동은 잘된다고.
무시하지 마….
종이컵

서 소리가 들렸습니다. 회전축은 음성을 따라 진동하므로 회전축을 플라스틱 수조에 붙이면 소리를 더 크게 들을 수 있습니다.

이것이 공통점!

모터와 스피커 모두 플레밍의 왼손 규칙으로 나타낼 수 있는 '자기장 안에서 전류가 받는 힘'으로 인해 작용합니다.

36 디젤엔진으로 알아보는 유성이 빛나는 이유

유성의 정체

유성은 마치 밤하늘의 별이 흘러 떨어지는 것처럼 보이지만, 실제로는 우주 공간에 떠다니던 먼지가 대기권으로 떨어진 것입니다. 유성처럼 보이는 물체는 대부분 지름 1 mm에서 1 cm 사이의 암석질입니다. 그보다 큰 물체는 한 줄기 빛으로 사라지지 않고 별보다 훨씬 눈부시게 빛나며 때로는 활활 타오르는 불꽃과 같은 꼬리를 달고 떨어지기 때문에 '화구'라고 불립니다.

이 정도는 이미 알고 계시는 분도 많겠지만, 유성이 빛나는 이유가 무엇인지 정확히 아는 사람은 별로 없습니다. 대부분은 대기와의 마찰로 인해 뜨거워져서 빛을 낸다고 생각하지만 그렇지 않습니다. 유성이 뜨거워지는 이유는 대기와의 마찰 때문이 아닙니다.

디젤엔진의 구조

스프레이를 대량으로 사용하면 캔이 차가워진 것을 느낄 때가 있습니다. 내용물인 가스를 방출하면 캔 속에 압축되어 있던 가스가 방출되면서 팽창하여 온도가 내려가며 생기는 현상입니다. 기체는 따뜻해지면 팽창하지만, 따뜻해지지 않고 팽창하면 거꾸로 온도가 내려가는 성질이 있습니다.

기체는 차가워지면 수축합니다. 그런데 차가워지지 않고 수축하면, 즉 강제로 압축되면 무슨 일이 일어날까요? 그렇습니다. 온도가 상승합니다. 이런 원리를 이용한 발화기를 '파이어 피스톤'이라고 합니다. 실린더 안에 면처럼 타

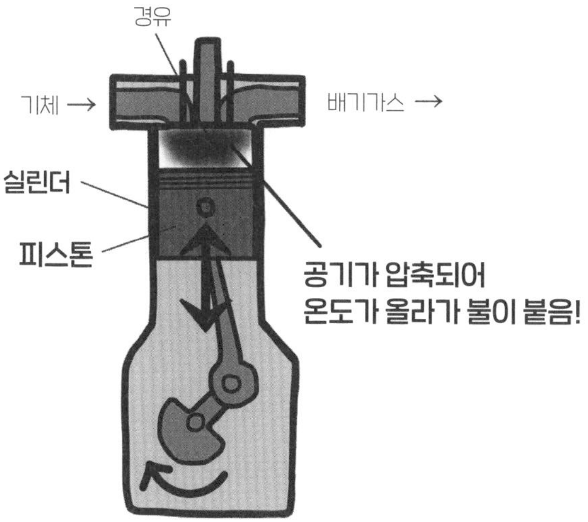
경유
기체 →
배기가스 →
실린더
피스톤
공기가 압축되어
온도가 올라가 불이 붙음!

디젤엔진에 불이 붙는 구조

기 쉬운 물체를 주입하고 피스톤으로 실린더 안의 공기를 압축해 고온으로 만들어 발화하는 도구입니다. 동남아시아 일부 지역에서 오래전부터 발화기로 사용했는데, 유럽으로도 전해져 성냥이 발명되기 전까지 발화기로 이용되었습니다.

독일의 기계 기술자 루돌프 디젤은 파이어 피스톤에서 힌트를 얻어 디젤엔진을 발명했습니다. 자동차는 엔진의 실린더 내부에서 폭발을 일으켜 피스톤을 움직이고 그 힘을 회전력으로 바꿔 달립니다. 가솔린엔진은 실린더 내부에서 가솔린을 분무한 뒤 불꽃을 일으키는 플러그를 사용해 발화합니다. 그러나 가솔린보다 자연발화하는 온도, 즉 발화점이 낮은 경유를 이용하는 디젤엔진은 플러그를 사용하지 않고 실린더 속 공기를 피스톤으로 압축해 고온으로 만들기만 해도 발화됩니다.

그래. 내가 발명한 거야.
잠깐! 거짓말 말아요!
그건 착각이야~
루돌프 디젤
디젤 원인(猿人)

유성이 빛나는 이유

유성은 거의 초속 수십 킬로미터라는 무시무시한 속도로 대기권에 부딪혀 고도 100 km 부근에서 발광합니다. 이 주변의 공기는 지상의 백만 분의 일 정도로 희박해서 공기와의 마찰로 인한 발열을 기대할 수 없습니다. 그러나 대기와 충돌하는 유성 앞쪽의 공기가 압축하면서 1만 ℃ 이상으로 올라가게 되어, 뜨거워진 공기나 증발한 유성 물질이 플라스마 상태가 되며 발광하는 것입니다.

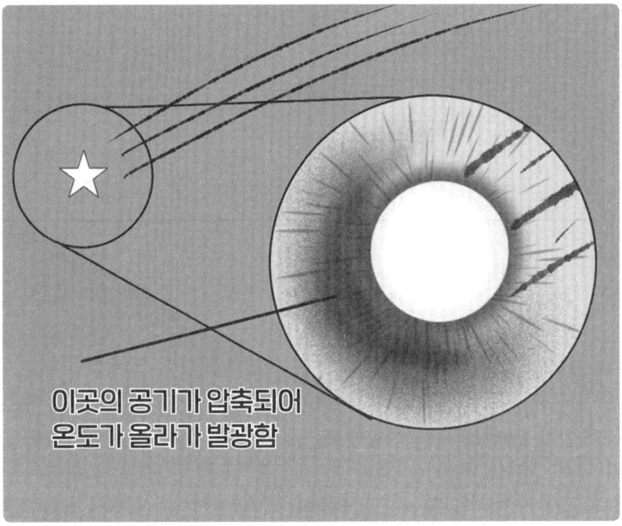
이곳의 공기가 압축되어
온도가 올라가 발광함

유성이 빛나는 원인

이것이 공통점!

유성이 빛나는 현상과 디젤엔진에 불이 붙는 현상 모두 '공기가 압축되며 일어나는 온도 상승'이 원인입니다.

37 핫케이크 반죽을 닮은 화산의 모양

다양한 화산

화산은 지하의 마그마가 화구로 나와 쌓여 산이 된 것입니다. 화산은 형태에 따라 봉긋하게 솟아오른 모양인 '종상화산', 원추형인 '성층화산', 납작하고 평평한 '순상화산'으로 분류합니다. 각 화산의 전형적인 예로, 종상화산은 제주도의 산방산, 성층화산은 백두산, 순상화산은 하와이의 마우나로아산 등이 있습니다. 어떻게 이런 형태의 차이가 발생한 것일까요?

핫케이크를 만들어 봅시다

핫케이크 만들 때를 떠올려 보시기 바랍니다. 핫케이크 반죽은 밀가루, 달걀, 베이킹파우더에 우유 또는 물을 넣어 만듭니다. 이때 밀가루를 넣는 양에 따라 반죽의 점도가 달라집니다. 밀가루 비율이 높은 반죽은 걸쭉해서 잘 흐르지 않아 두꺼운 핫케이크가 됩니다.

성층화산이 되고 싶었는데….
아쉬워….
등산은 해도 되지만,
쓰레기는 가지고 돌아가라고.
높아서 청소하기 힘드니까.
난 순한맛 화산이야!
해치지 않아!
종상화산
성층화산
순상화산

마그마의 점도 차이에 따른 화산의 종류

반죽의 점도에 따라 달라지는 핫케이크 두께

반면 밀가루 비율이 낮은 반죽은 줄줄 흘러서 얇은 핫케이크가 됩니다. 사실 마그마에도 걸쭉한 마그마와 줄줄 흐르는 마그마가 있습니다. 마그마의 점도 차이에 따라 화산의 모양이 결정되는 것입니다.

마그마의 점도와 화산의 모양

점성이 큰 마그마는 걸쭉하여 잘 흐르지 않는 용암이 되므로 밥공기를 뒤집은 듯 경사가 급한 종상화산을 만듭니다. 또한 끈적한 마그마는 지하의 마그마 통로인 화도도 통과하기 어려워 도중에 굳어버리는 일도 많습니다. 그러면 지표에 도달하는 마그마의 양이 적어서 대부분 소형 화산이 됩니다. 예를 들어 산방산은 높이가 395 m 정도밖에 되지 않습니다. 화도가 꽉 막히는 탓에 마그마에서 기화한 가스 성분이 잘 빠져나오지 못해 산을 날려버리는 대폭발을 일으키기 쉬운 것도 규모가 작은 원인 중 하나입니다. 폭발이 일어나지 않고 반 정도 굳은 용암이 화구에서 주르륵 흘러나오면 종상화산이 형성됩니다.

한편 점성이 작은 마그마는 흘러내리기 쉬운 용암이 되므로 옆으로 옆으로 퍼져 납작하고 얕은, 경사가 완만한 순상화산을 만듭니다. 점성이 작은 마그마는 화도를 막지 않고 용암을 순조롭게 분출하므로 대형 화산을 형성합니다. 하와이의 마우나로아산의 높이는 약 4,200 m지만, 사실 본체는 수심 약 5,000 m 아래 해저에서부터 성장한 것이므로 전체 높이는 9,000 m가 넘습니다. 게다가 납작하고 평평한 들판의 지름은 100 km를 가뿐히 넘습니다. 경기도 크기의 땅이 들어가고도 남는 거대 화산입니다. 다만 마그마에서 기화한 가스 성분이 잘 빠져나가므로 대폭발을 일으키지는 않고 그저 시종일관 용암류만 흐르는 온화한 분화를 합니다.

점성이 중간 정도인 마그마는 경사도 중간 정도인 성층화산을 만듭니다. 산의 크기도 종상화산과 순상화산의 중간 격으로 2~4,000 m 높이가 표준입니다. 화도는 약간 막히는 경향을 띠기 때문에 내부 가스 성분이 쌓여 처음에는 폭발적으로 분화합니다. 그러나 일단 가스가 빠져나가면 압력이 낮아진 후반부에는 화구에서 용암이 흐릅니다. 폭발적 분화와 용암류 분출이라는 분화 사이클을 반복하는 것이 특징이며, 산 내부에는 폭발적 분화로 인한 분출물, 그중 주로 화산력과 용암류가 식어 굳은 용암이 번갈아 쌓여 지층과 같은 성층구조를 나타냅니다.

마그마의 점성을 결정하는 요인

핫케이크 반죽의 점성은 밀가루의 비율에 따라 달라지듯이 마그마의 점성은 마그마에 함유된 이산화규소라는 성분의 비율에 따라 달라집니다. 이산화규소는 유리의 주성분입니다. 대부분의 고체가 뜨거워지면 액체가 되는 것처럼 유리도 뜨거워지면 녹습니다. 다만 유리는 물처럼 줄줄 흐르는 것이 아니라 물엿처럼 끈끈한 상태가 됩니다. 뜨거워진 유리에 숨을 불어 넣어 풍선처럼 부풀려 용기를 만들거나 핀셋으로 집어 동물 모양의 유리 장식품을 만들 수 있는 이유는 액체 상태의 유리가 매우 끈적거리기 때문입니다. 유리의 주성분인 이산화규소를 많이 함유한 마그마는 뜨거운 유리처럼 끈끈해지고 적게 함유한 마그마는 물처럼 줄줄 흐르게 됩니다.

마그마에 함유된 이산화규소의 비율은 마그마의 형성 과정이나 마그마가 지하에서 상승하는 도중 무엇을 녹이는지에 따라 결정됩니다. 이것들은 판 운동이나 지하 구조의 차이에 따라 다르므로 어느 정도 지역적 특징이 나옵니다. 점성이 있는 마그마가 만들어지기 쉬운 일본은 성층화산이나 종상화산이 많습니다. 즉, 폭발적인 분화가 많이 일어납니다.

이것이 공통점!

반죽의 점성 차이에 따라 핫케이크의 두께가 달라지듯, 마그마의 점성 차이에 따라 화산의 모양이나 분화의 형태가 달라집니다.

38 진짜 밝기는? 별의 밝기와 전조등

1등성은 정말 밝을까?

밤하늘에 보이는 별은 대부분 항성이라고 부르는, 태양과 같이 수소의 핵융합에 의해 스스로 열과 빛을 내는 별입니다. 별까지의 거리는 몹시 멀기 때문에 태양처럼 뜨겁거나 빛나지 않으면 거의 보이지 않습니다. 별의 밝기는 등급으로 나타내는데, 수치가 작을수록 밝은 별이라는 뜻입니다.

그런데 1등성과 3등성을 비교했을 때, 정말 1등성 쪽이 더 밝게 빛날까요? 차의 전조등으로 생각해 봅시다.

별의 밝기를 정하는 요소

자동차의 전조등은 아주 가까이에서 보면 똑바로 쳐다볼 수 없을 만큼 눈부십니다. 하지만 100 m 정도 떨어져서 보면 한 점의 빛으로만 보입니다.

이처럼 우리가 보는 빛의 밝기는 광원으로부터의 거리가 바뀌면 함께 바뀝니다. 별의 밝기도 마찬가지입니다. 우리가 보는 별의 밝기는 원래 밝기뿐만 아니라, 별까지의 거리도 영향을 줍니다. 그래서 별의 원래 밝기를 비교할 때는 다양한 위치에 있는 별을 같은 거리로 통일할 필요가 있습니다. 천문학에서는 이것을 32.6광년 거리로 통일하도록 했는데, 이 거리에 놓았을 때의 밝기를 '절대등급'이라고 부릅니다. 지구에서 실

1등성?
2등성?
이놈들!
『헤드라이트』

가까이 있는 차의 전조등이 눈부시듯,
별의 밝기도 거리에 따라
완전히 달라짐!
눈부셔….

제로 봤을 때의 밝기, 즉 거리의 영향을 포함했을 때의 밝기는 '겉보기등급'으로 부르며 구별합니다.

별의 진짜 밝기를 비교하면

예를 들어 견우성으로 유명한 알타이르는 1등성으로, 우리와 가까이 있으므로 밝게 보입니다. 그러나 절대등급으로 따지면 2등성밖에 되지 않는, 그다지 눈에 띄지 않는 평범한 별이 되어 버립니다.

반대로 진북을 가리키는 별로 유명한 북극성은 찾기 어려울 정도로 눈에 띄지 않는 2등성이지만, 절대등급으로 바꾸면 놀랍게도 마이너스 5등성이나 됩니다. 북극성이 터무니없이 먼 곳에 있기 때문에 어둡게 보이는 것일 뿐, 사실 매우 밝은 별입니다.

밤하늘의 별들은 모두 너무나 멀리 있어 점으로만 보이므로 거리감을 느끼지 못해 모두 같은 거리에 있는 것처럼 보입니다. 그러나 사실 밝은 별인데 멀리 있어서 어둡게 보이거나, 원래 어두운 별이지만 가까이 있어서 밝게 보이기도 합니다. 즉, 우리는 완전히 속고 있는 겁니다.

진짜 별의 밝기와 그 별까지의 거리를 알면 밤하늘의 별도 지금까지와는 완전히 다르게 보입니다. 덧붙이자면 태양도 32.6광년 위치로 끌고 가 절대등급으로 따지면 맨눈으로 볼 수 있는 한계에 가까운 5등성이 되어 버립니다.

별로 눈에
안 띄어….
견우성
터덜터덜

이것이 공통점!

별과 자동차의 전조등 모두 겉으로 보는 밝기는 '거리의 영향'을 받습니다. 진짜 밝기를 비교하려면 거리를 통일해야 합니다!

39 진동을 통해 지구와 수박의 내부를 가늠할 수 있다!

지구의 내부 구조

지구의 알맹이는 어떤 상태일까요? 만화 속 세계라면 '루팡 3세'에서 등장하는 고에몽에게 부탁해 그가 자랑하는 명도 '참철검'으로 지구를 두 동강 내달라고 하면 볼 수 있습니다. 하지만 두 쪽으로 갈라진 지구를 본 고에몽에게 "또 쓸모없는 걸 베어 버렸군……."이라는 핀잔을 들을 수 있겠네요.

농담은 여기까지 하고 이제 진지하게 알아볼까요? 정말로 지구를 두 동강 내 버리면 안 되니 일단 구멍을 뚫어 내용물을 조사해 보는 방법을 사용해 볼까요?

인간은 지면에 미세한 구멍을 뚫고 지하를 탐사하는 일을 종종 합니다. '보링 조사'라고 하는 방법으로, 지하의 지반을 조사하거나 온천이나 석유를 발굴할 때 이용합니다.

보링 조사로 얼마나 깊은 곳까지 조사할 수 있을까요? 가장 깊은 곳까지 파 들어간 기록은 러시아의 콜라반도러시아 북부 북극해의 바렌츠해와 백해를 가르는 반

도에 있는데, 그 깊이는 약 12 km입니다. 그 이상은 단단한 암반과 고온에 막혀 기술적으로 역부족이었다고 합니다. 지구 중심까지의 깊이가 약 6,400 km이고 파 들어간 깊이는 12 km이므로, 지구를 지름 30 cm짜리 지구본으로 비유하면 구멍의 깊이는 1 mm에도 못 미치는 0.5 mm입니다. 정말 살짝 할퀸 것이나 마찬가지입니다. 그러니 이 방법으로는 도저히 지구 내부의 상태를 알 수가 없습니다.

그런데 우리는 지표에서 5~50 km 정도까지의 깊이가 현무암이나 화강암 등으로 이루어진 지각이고, 거기서 깊이 2,900 km까지가 감람암으로 이루어진 맨틀, 거기서부터 5,100 km까지가 액체의 철로 이루어진 외핵 그리고 중심까지는 고체의 철로 이루어진 내핵임을 알고 있습니다. 어떻게 보지도 않고 지구 내부의 상태를 이렇게 자세히 아는 것일까요?

할머니의 지혜

지금으로부터 대략 60년 정도 전에는 대형 마트가 없었고 장을 보려면 보통 가까운 시장으로 갔습니다. 또한 그 당시에 과일은 청과물 가게에서 팔았습니다. 지금은 수박을 잘라서도 팔지만, 예전에는 무조건 통째로 팔았습니다. 당시의 청과물 가게에는 진열용 냉장고나 식품용 랩도 보급되지 않아서 수박을 자르는 순간, 상품 가치가 떨어져버리기 때문입니다.

하지만 수박에는 속살에 바람이 들어 당도나 수분이 부족한 하품과 속살이 꽉 차고 당도와 수분이 가득한 상품이 섞여 있기 때문에 잘 판단해야 했습니다. 즉, 자르지 않고 내용물의 상태를 판단해 맛있는 수박을 골라야 했습니다. 그때 등장한 것이 조상 대대로 물려받은 할머니의 지혜입니다.

그 방법은 다름 아닌 수박을 주먹으로 가볍게 두드리는 방법입니다. 수박을 두드리면 진동에 의해 소리가 납니다. 이때 속이 꽉 찬 잘 익은 수박은 '통

앗! 이건 속이
꽉 차 있네.
통통
와~
할머니, 대단해요~

통' 하고 맑은 소리가, 그렇지 않으면 '탁탁' 하고 둔탁한 소리가 납니다.

그렇습니다. 수박의 표면을 가볍게 두드려 '통통' 하고 맑은 소리가 나는 것을 고르면 됩니다. 이 방법으로 자르지 않고도 맛있는 수박을 찾을 수 있었습니다.

지구의 내부도 같은 원리를 사용해 조사합니다. 하지만 지구 내부를 통과해 반대쪽까지 닿는 강한 진동은 어떻게 만들까요? 사실 인위적으로 만들지 않고, 자연 현상을 이용합니다. 자연에 발생하는 강한 진동이라고 하면 바로 지진입니다. 규모 8을 넘는 거대 지진에 의해 발생하는 지진파는 지구 중심을

지진파의 전달 과정을 분석하면 내부 구조를 알 수 있음

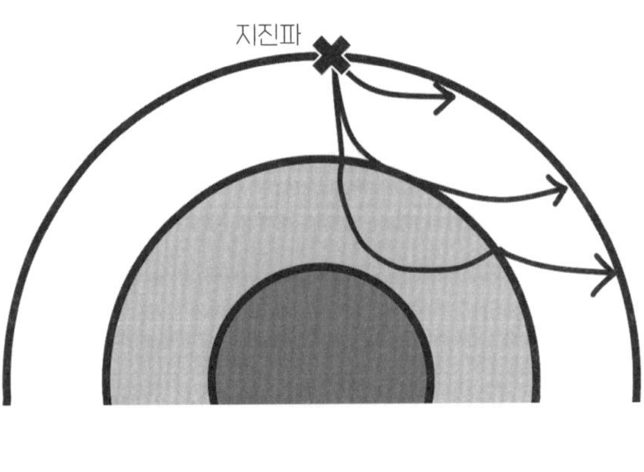
지진파

빠져나가 약 20분 만에 반대쪽까지 도달합니다. 세계 각지에 설치한 지진계로 지구 내부를 통과한 지진파를 포착해 전달 과정을 상세히 분석함으로써 지구 내부의 구조를 추정할 수 있게 된 것입니다.

이것이 공통점!

수박과 지구 모두 자르지 않아도 '내부를 전달하는 진동'을 이용해 내용물을 조사할 수 있습니다.

40 대륙 이동은 된장국 속 두부에 비유할 수 있다!

대륙이 이동한다!?

지구에는 바다와 대륙이 있습니다. 대한민국은 유라시아대륙에 속해 있습니다. 그런데 이 대륙이 움직이고 있다면 어떨까요? 무서울까요? 그러나 실제로 아주 느리지만, 대륙은 움직이고 있습니다. 움직이는 것은 물론, 지구가 탄생하고부터 지금까지 대륙은 서로 충돌하거나 멀어지면서 세계지도의 모양을 바꾸어 왔습니다.

예를 들어 지금으로부터 약 2억 5,000만 년 전에는 모든 대륙이 충돌해 달라붙어 '판게아'라는 단 하나의 대륙이었던 시기가 있었습니다. 하지만 그 상태 그대로 유지하지 않고 얼마 뒤 분열해 현재의 세계지도처럼 다섯 개의 대륙으로 나뉘었습니다. 그런데 지구 표면은 겉보기에도 매우 단단해 보입니다. 대륙은 어떻게 이동하는 것일까요?

네 이름은 뭐야?
판게아야.

지구 내부의 대류

지구의 내부는 균일하지 않습니다. 크게 나누어 보면 표면에서부터 순서대로 지각, 맨틀, 핵이라는 부분으로 이루어져 있습니다. 지각은 암석으로 이루어져 있으며 대륙은 30~50 km 정도, 바다는 5~10 km 정도 두께입니다. 그 아래는 맨틀이라고 하는 온도가 높은 암석층으로 깊이는 2,900 km 정도까지입니다. 그리고 그보다 안쪽은 핵입니다. 핵에는 무거운 원소가 모여 있으며 엄청난 양의 방사능을 뿜어내 뜨겁습니다. 핵은 마치 난로의 불처럼 지구 전체를 따뜻하게 데웁니다.

맨틀에는 온도가 특히 높은 부분과 그 정도로 높지 않은 부분이 있는데, 온도가 높은 곳에서는 지구 내부에서 표면을 향해 암석이 천천히 올라갑니다. 표면 부근에서 식은 맨틀은 이번에는 다시 지구 내부를 향해 천천히 내려갑니다. 맨틀의 느릿느릿한 대류는 마치 된장국처럼 지구 내부의 열을 표면으로 운반합니다.

해양판

맨틀의 대류는 화산이나 지진과 깊은 관계가 있습니다. 해저에 화산이 줄지어 있는 장소를 해령이라 부르는데, 대서양 중앙에서 남북으로 줄지어 있거나 미국의 서쪽 해변에서 남쪽을 향해 나열해 있습니다. 일본 부근에는 없습니다. 해령은 맨틀 중에서 특히 온도가 높은 부분이 솟아오르는 곳입니다. 맨틀의 열로 인해 지각이 녹아 마그마가 되고 화산이 되는 것입니다. 해령에서는 솟아오르는 맨틀로 인해 끊임없이 새로운 해양 지각이 만들어집니다. 오래된 지각은 새로운 지각에 밀려 천천히 해저를 이동하며 서서히 식어 두껍고 무거워집니다. 그리고 어딘가에서 다시 맨틀로 가라앉아갑니다. 바다의 지각은 마치 한 장의 판 같아서 해양판이라고 부릅니다.

건더기로 만든 세계지도.
후후후…
뜨거우니까 후~ 후~ 불어 먹어.

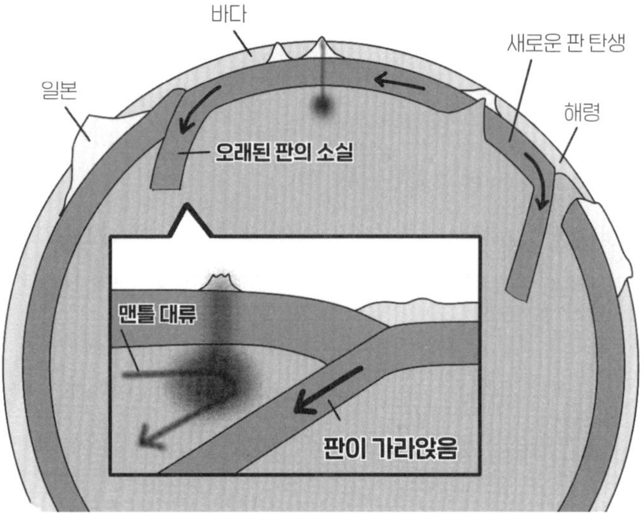

대륙판

그럼 해양판은 어디서 가라앉을까요? 해양판은 바다가 아니라 대륙판과 부딪칠 때 가라앉습니다. 대륙판은 해양판과 재질이 조금 달라 가볍기 때문에 지구라는 된장국에서 언제나 떠 있습니다. 마치 된장국에 떠다니는 커다란 두부 같습니다. 지구 표면은 이런 바다와 육지의 판으로 빈틈없이 뒤덮여 있습니다. 해양판이 대륙판과 부딪치면 무거운 해양판이 아래로 들어가며 해구를 만듭니다. 일본 바로 동쪽에도 일본해구라는 깊은 해구가 있습니다.

대륙판은 기본적으로 가라앉지 않지만, 단단한 바위로 이루어져 있으므로 해양판에 끌려 조금 가라앉을 때가 있습니다. 그러나 가볍기 때문에 다시 떠오르는데, 이때 튀어 오르며 대지진을 일으킵니다. 된장국 속 두부도 대류의 변화에 따라 냄비 안을 이동하며 다른 두부와 달라붙거나 떨어집니다. 이것이 대륙 이동입니다. 판의 움직임은 복잡해서 완벽히 예상하기 어렵지만, 이렇게 판의 움직임으로 대륙의 이동을 설명하는 이론을 판 구조론이라고 부르며 현재는 많은 연구자가 인정하고 있습니다.

된장국 속 대류로 인해 두부가 움직임

이것이 공통점!

지구의 판과 된장국의 두부 모두 열에 의한 대류의 변화로 이동합니다!

과학은 이렇게 비유하면 재밌다!

5장

41 일곱 빛깔 무지개와 프리즘

무지개의 정체

어렸을 때, 비가 막 갠 하늘에 무지개가 뜨면 무지개의 끝은 어디일까 하는 궁금한 마음에 무지개를 뒤쫓은 경험은 없으신가요? 하지만 언제나 끝에 닿기 전에 옅어지다가 사라져 버렸습니다. 이렇듯 신기하고 덧없는 무지개에 대해 알아봅시다.

하얀 도화지에 빛을 비추면 하얗게 보입니다. 하지만 녹색 도화지에 비추면 녹색빛이 됩니다. 이는 햇빛 속에 다양한 색이 섞여 있기 때문입니다. 여러 가지 색이 섞여 있으면 우리 눈에는 흰색으로 보이는데, 이 색을 백색광이라고 합니다.

빛이 진행하는 속도는 물질의 종류마다 다르

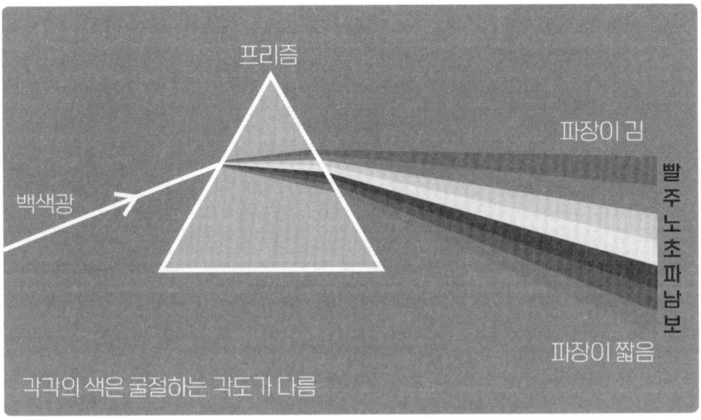

프리즘을 통과하면 여러 가지 색으로 나뉘는 빛

기 때문에 물질에 닿으면 빛의 굴절이 일어납니다. 백색광은 굴절률이 다른 물질에 입사하면 무지개처럼 색이 나뉘며, 이는 각 색의 굴절률이 다르기 때문입니다. 빛을 프리즘에 통과시키면 다양한 색으로 나뉘어 나옵니다. 이는 각 색의 굴절률 차이에 따라 빛이 휘는 각도가 달라지기 때문입니다.

파장이 긴 '빨간색'의 굴절 각도는 작고 파장이 짧은 '보라색'의 굴절 각도는 큽니다. 진공에서는 모든 빛이 같은 속도로 나가지만, 물질 속으로 들어갈 때는 파장이 짧을수록 빛의 속도가 느려지기 때문입니다. 따라서 파장이 짧은 빛, 즉 보라색은 속도가 느립니다.

이처럼 빛의 굴절률 차이로 인해 색이 분리되는 현상을 '빛의 분산'이라고 합니다. 빛의 분산은 빗방울에서도 일어납니다. 빗방울은 프리즘과 마찬가지로 오른쪽 그림처럼 분산합니다. 이것이 '무지개'의 정체입니다.

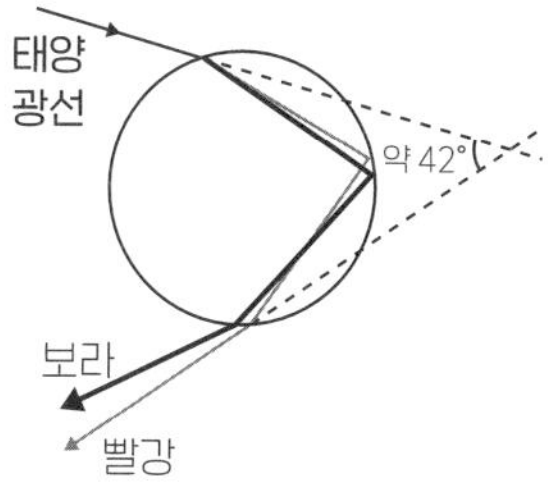

무지개는 어디에 있을까?

무지개는 빗방울에 의해 분산된 빛을 우리가 보는 것입니다. 그래서 무지개는 비가 내리다 막 개어 공기 중에 있는 빗방울이 햇빛에 빛날 때 자주 볼 수 있습니다. 하지만 무지개는 붙잡을 수도 끝을 볼 수도 없습니다. 무지개는 과연 어디에 있는 것일까요?

무지개의 빨갛게 보이는 부분은 햇빛이 들어오는 각도와 관찰하는 사람의 시선이 42°인 빗방울입니다. 그리고 빨간색부터 순서대로 주황색, 노란색, 초록색, 파란색, 남색으로 보입니다. 마지막으로 햇빛과 시선의 각도가 40°인 빗

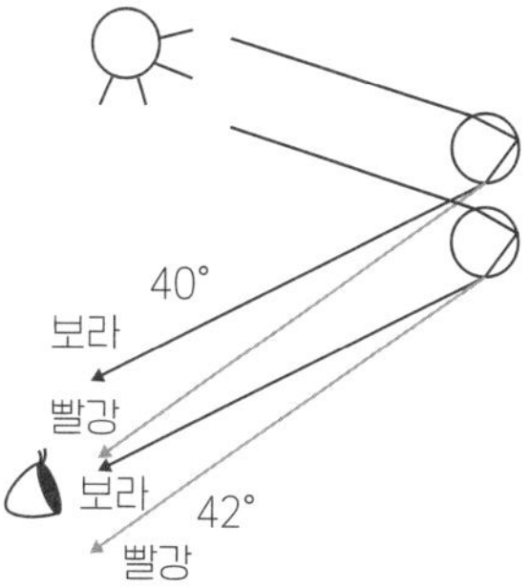

방울이 보라색으로 보이는 것입니다. 즉, 무지개는 빛이 들어오는 방향에서 약 42° 벌어진 곳에 나타납니다.

무지개가 두 개 보이는 이유는?

아름답고 예쁜 무지개지만, 가끔 바깥쪽에 조금 흐린 무지개가 하나 더 보일 때가 있습니다. 이 무지개를 '암무지개'라고 부릅니다. 신기하게도 암무지개는 앞에서 설명한 무지개였던 수무지개와는 색이 반대로 나열해 있습니다. 왜 그럴까요?

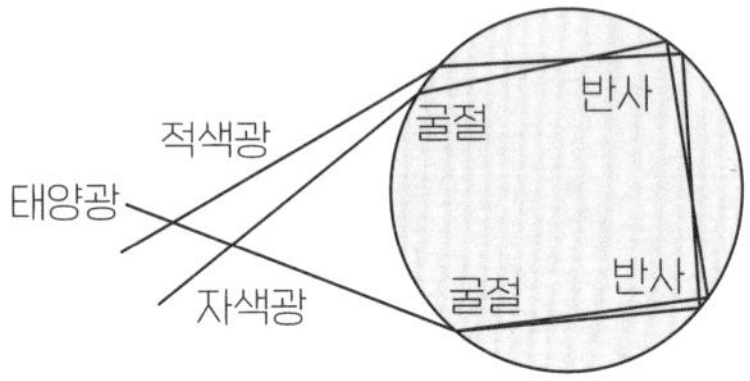

수무지개는 빗방울 속에서 한 번 반사한 빛이 우리 눈에 보이는 것입니다. 반면, 암무지개는 두 번 반사한 빛입니다. 다시 말해 두 번째 반사로 인해 색 배열이 반대가 된 것입니다. 이때 빨간색 빛은 약 51°, 보라색 빛은 약 53°이며 이번에는 보라색이 바깥쪽이고 이어서 남색, 파란색, 초록색, 노란색, 주황색, 빨간색 순으로 나열됩니다.

수무지개와 암무지개를 비교하면 수무지개 쪽이 훨씬 밝습니다. 암무지개가 두 번 반사되면서 수무지개보다 훨씬 어두워지기 때문입니다. 또한 수무지개와 암무지개 사이의 하늘은 살짝 어둡게 보입니다. 이 영역을 알렉산더의 암대라고 부릅니다. 알렉산더의 암대에 떠다니는 빗방울에도 수무지개나 암무지개와 마찬가지로 빛의 굴절이나 반사가 일어납니다. 하지만 수무지개로 보이는 빛은 정확히 관찰자의 머리 위를 통과합니다. 반면 암무지개를 만드는 두 번 반사한 빛은 관찰자

알렉산더의 암대

의 발밑을 통과하기 때문에 관찰자 눈에 들어오지 않아서 어둡게 보입니다.

이것이 공통점!

무지개와 프리즘 모두 빛이 굴절해 '일곱 색깔'로 보이는 것입니다!

42 롤러코스터에 숨은 과학, 진자의 움직임

거대한 물리 실험실, 놀이공원

놀이공원의 인기 놀이기구 중 하나인 롤러코스터는 그 인기를 좌우하는 최대 요인 중에 '속도'가 있습니다. 그러나 속도를 내기 위해서는 '높이'라는 조건을 만족해야 합니다. 롤러코스터는 동력을 이용해 가장 높은 지점까지 올라가고 그 이후로는 레일을 따라 단번에 내려가며 속도를 높입니다. 그 후 레일은 상하좌우, 때로는 회전을 더하며 이를 따라 롤러코스터가 달려갑니다.

그림 1　경로 지도

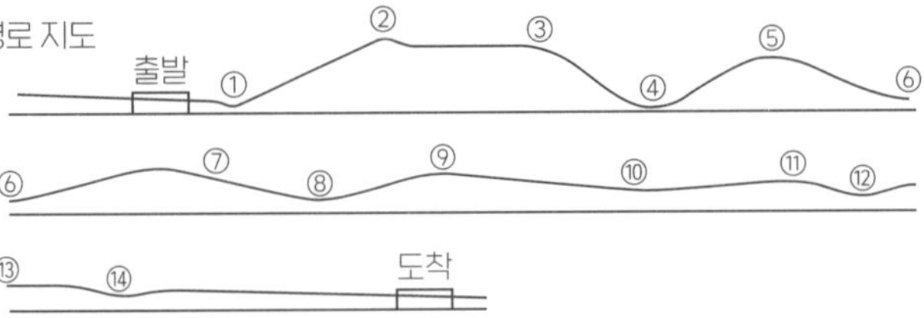

처음 올라간 높이 이상으로 더 올라가지 않는 롤러코스터

그림 1은 놀이공원에 있는 롤러코스터의 경로 지도입니다. ① 지점에서 고개를 오르기 시작해 ② 지점에서 가장 높이 올라간 뒤 레일을 따라 오르락내리락하지만 높이는 ② 지점을 넘지 않습니다.

진자와 비슷한 움직임

롤러코스터에 타면 높은 위치에서는 속도가 느려지고 낮은 위치에서는 속도가 빨라집니다. 이는 '진자'의 움직임과 똑같습니다.

진자를 흔들 때 처음에 어느 높이까지 들어 올렸다가 손을 놓습니다. 아직 손에 잡고 있을 때 또는 좌우로 가장 많이 흔들리고 있는 A와 C일 때가 최대 높이이며 속도는 0입니다.

손을 놓으면 진자의 추는 A에서 B로 움직이며 높이는 감소하고 속도는 증가합니다. 그리고 가장 낮은 높이인 B일 때 속도는 최대가 됩니다. 또한 추가 B에서 C로 움직임에 따라 속도는 감소하고 높이는 올라갑니다. 그리고 C일 때 속도는 0이 되어 정지하고 높이는 최대가 됩니다. 이 현상을 에너지로 설명하면, 진자의 추가 가장 높은 A와 C 위치에서는 속도가 0이고 운동에너지도 0, 높이는 가장 높으므로 위치에너지는 가장 큽니다. 진자에서 위치에너지와 운동에너지를 합한 것을 '역학적에너지'라고 부릅니다.

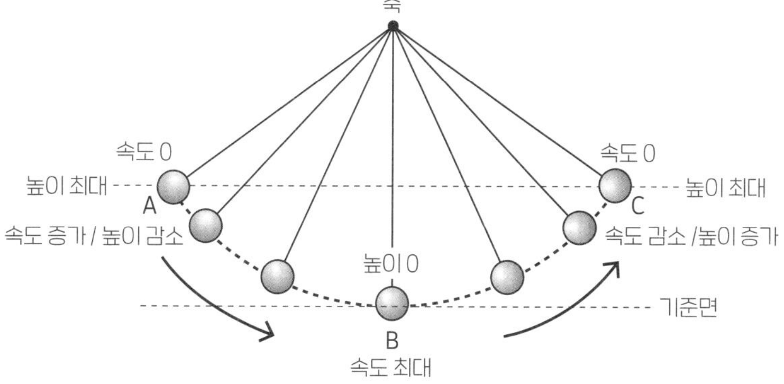

롤러코스터도 진자와 마찬가지로 위치에너지와 운동에너지의 변화를 통해 운동합니다. 즉, 처음 동력으로 올라간 높이의 위치에너지가 가장 크며, 이보다 더 커지지 않습니다. 처음 올라간 높이보다 더 올라가는 롤러코스터는 없다는 뜻입니다.

그림 1의 경로 지도를 보면 롤러코스터는 출발한 뒤 일단 ①에서 내려가지만, 동력을 사용해 가장 높은 ② 지점으로 올라갑니다. 그 후 ③에서 갑자기 하강해 ④ 지점에서 가장 낮아집니다. 그 후 여러 번 상승하지만 ② 지점의 높이를 넘지는 않습니다. 도중에 상승과 하강을 반복하지만, 오르기 시작하면 속도가 감소해 운동에너지가 위치에너지로 변해 갑니다. 또 내려가기 시작하면 속도가 증가해 운동에너지가 커지고 위치에너지는 감소합니다.

이 사이의 운동에너지와 위치에너지를 합하면 일정합니다. 즉, 앞 페이지 그림에서 A 지점은 위치에너지가 최대이고 운동에너지는 0, B 지점은 위치에너지가 0이고 전부 운동에너지로 바뀌어 최대가 됩니다.

보존되는 역학적에너지

운동에너지와 위치에너지는 서로 변환하지만, 합계인 역학적에너지는 일정합니다. 이것을 '역학적에너지 보존 법칙'이라고 합니다.

운동에너지 + 위치에너지 = 역학적에너지(일정)

오른쪽 페이지 그림과 같이 레일을 따라 공을 굴립니다. 표는 각 지점의 에너지 크기를 나타내고 있습니다. 위치에너지나 운동에너지는 변하지만 역학적에너지는 일정합니다.

Z
Z
Z
응? 지금 자는 거야?
데이트는!?
에너지 보존의 법칙이야….

현실의 롤러코스터는 바퀴가 레

일 위를 움직이기 때문에 마찰이 발생합니다. 또한 공기 저항이나 소리가 발생하기 때문에 에너지를 점점 잃습니다. 롤러코스터는 높은 위치로 올라가서 얻은 위치에너지를 운동에너지로 변환하는 동시에 마찰 등으로 에너지를 잃어 가며 목적지에 도착합니다.

역학적에너지의 보존

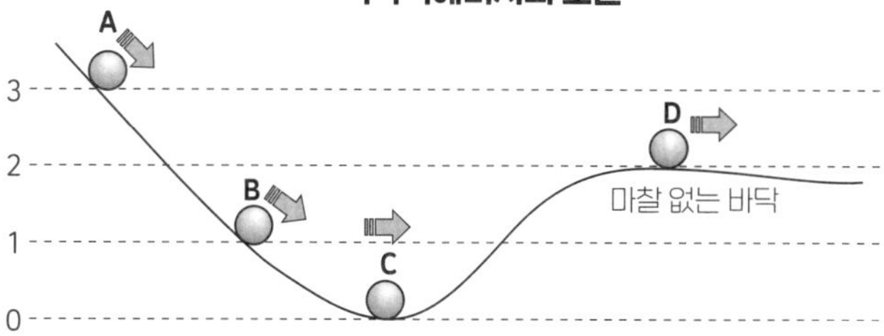

에너지	A점	B점	C점	D점
위치에너지	3	1	0	2
운동에너지	0	2	3	1
역학적에너지	3	3	3	3

이것이 공통점!

롤러코스터와 진자 모두 처음 올라간 위치보다 높은 곳으로 올라가지 않습니다!

43 스피드건은 구급차의 사이렌으로 설명할 수 있다!

야구 중계와 과속 단속에 사용하는 기계

야구 중계를 보고 있으면 투수가 공을 던진 순간 화면에 공의 속도가 나옵니다. 어떻게 순간적으로 속도를 측정할 수 있을까요?

사실 야구장에는 스피드건이라고 부르는 측정기가 포수 쪽에서 투수 쪽을 향해 겨누고 있습니다. '건'은 '총'이라는 뜻으로 스피드건은 손잡이와 속도 측정을 위한 총구 부분으로 이루어져 있습니다.

공을 던진 순간 측정자가 스피드건을 쥐고 버튼을 누르면 기계가 한순간 전파를 발사합니다. 전파는 공에 닿고 되돌아오는데, 되돌아온 전파를 조사하면 공의 속도를 알 수 있습니다. 한 번으로는 정확성이 떨어지므로 보통

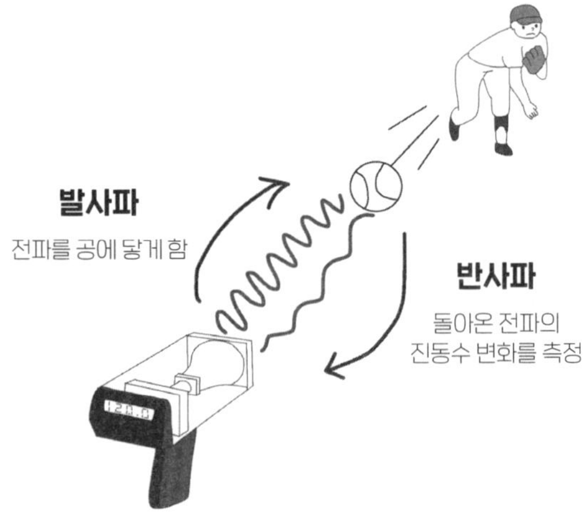

스피드건의 속도 측정

0.01초에서 0.04초마다 여러 차례 전파를 발사해 10번에서 40번 정도 측정합니다.

자동차의 과속 단속도 거의 비슷한 원리입니다. 경찰관이 달려오는 자동차를 향해 측정기 스위치를 누르면 자동차를 향해 전파가 발신했다 되돌아옵니다. 이 되돌아온 전파를 기계로 조사하면 속도를 알 수 있습니다. 그렇다면 되돌아온 전파의 속도는 어떻게 알 수 있을까요?

소리로 아는 진동수의 변화

사람은 전파를 느끼지 못하므로 이해하기도 어렵습니다. 그러나 아주 느린 음파라면 실감할 수 있는데, 가장 대표적인 예가 구급차의 사이렌 소리입니다. 사이렌은 일정 높이의 소리를 계속 내는데, 구급차가 나를 향해 올 때는 높은 소리로 들리다가 눈앞을 지나치는 순간 갑자기 소리가 낮아집니다. 이를 '도플러효과'라고 합니다.

소리는 공기를 통과하는 파동으로 소리의 높이는 공기가 얼마나 빨리 진

구급차와 사람 사이가
넓어져 진동수가 작아짐
→ 낮은 소리가 들림
구급차와 사람 사이에 있는
소리의 파동이 정체하면
파동이 쌓여 진동수가 커짐
→ 높은 소리가 들림
사이렌 소리의 원리

동하는지에 따라, 즉 진동수에 따라 정해집니다. 참고로 높은 소리일수록 진동수가 큽니다.

물체의 이동 속도에 따라 진동수가 어떻게 변하는지는 다음 공식으로 계산할 수 있습니다.

$$f = f_0 \frac{(V-t)}{V}$$

f는 실제 들리는 소리의 진동수, V는 음속입니다. 그리고 t는 물체가 접근해 오는 속도, f_0는 음원의 진동수입니다.

구급차가 t의 속도로 접근해 오면 분모가 작아지므로 $V/(V-t)$는 커집니다. 따라서 f는 f_0보다 커져서 높은 소리로 들립니다. 반대로 구급차가 t의 속도로 멀어지면 t는 마이너스가 되므로 분모는 커지고 f_0는 작아집니다. 즉 낮은 소리가 됩니다. 미리 온도와 기압을 측정해 음속을 계산해 두면 다가올 때와 멀어질 때 진동수가 어떻게 변하는지 측정하여 구급차의 속도를 계산할 수 있습니다.

정체하는 파동

어째서 물체가 이동하면 진동수가 바뀌는 것일까요? 물체 자체는 언제나 f_0의 진동수로 소리를 냅니다. 그러나 소리가 전달되는 속도는 공기의 상태에 따라 결정되므로 물체가 이동하더라도 바뀌지 않습니다. 물체가 접근해 온다고 해서 소리의 파동까지 함께 빨라지는 것은 아닙니다. 그러면 물체가 접근함에 따라 물체와 듣는 사람 사이에 있는 소리의 파동이 정체합니다. 짧은 구간에 많은 파동이 쌓이므로 큰 진동수로 들리는 것입니다.

스피드건의 원리도 완전히 같습니다. 특정한 진동수의 전파를 공에 닿게 한 뒤, 돌아온 전파의 진동수가 어떻게 변했는지 측정하면 공의 속도를 계산할 수 있습니다. 도플러효과는 레이더나 비행기의 속도계, 초음파 기계 일부에도 사용됩니다.

이것이 공통점!

스피드건과 구급차의 사이렌 모두 사람과 물체 사이에서 소리와 전파가 정체합니다.

44 메아리를 닮은 초음파의 원리

메아리의 정체는 음파의 반사

산이나 골짜기에서 다른 산을 향해 크게 소리치면 그 소리가 반사해 돌아오는 것이 메아리입니다. 거울에 빛이 반사하듯 음파가 공기 중을 진행할 때 고체에 닿으면 반사의 법칙에 따라 반사합니다.

'메아리'의 어원은 '뫼살이'로 '산에 사는 무엇'이라는 뜻입니다. 누군가 산에 살며 내 말을 따라 하는 것 같다는 발상에서 유래했습니다.

우리에게 들리는 소리와 들리지 않는 소리

음파는 진동수에 따라 높낮이가 달라집니다. 진동수는 1초 동안에 진동하는 횟수로 진동수가 높을수록 높은 음으로, 낮을수록 낮은 음으로 우리에게 들립니다. 진동수는 Hz헤르츠라는 단위로 표시하며 1초에 1회 진동하면 1 Hz, 4회

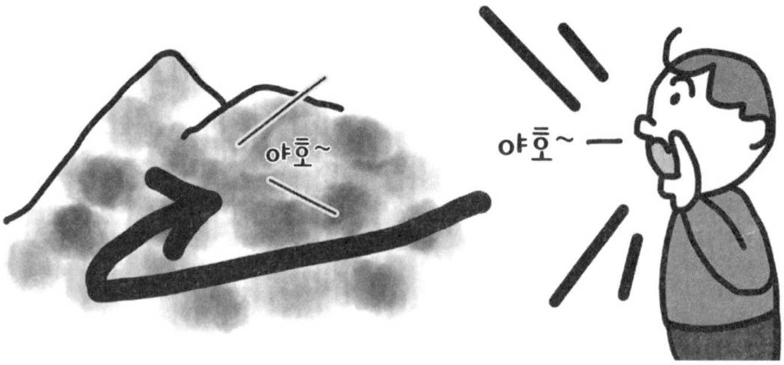

메아리

진동하면 4 Hz의 소리입니다.

인간의 귀로 들을 수 있는 소리는 약 20 Hz에서 2만 Hz 사이입니다. 이보다 진동수가 낮은 소리는 인간의 귀에 들리지 않으며 이러한 소리를 '저주파'라고 합니다. 반대로 이보다 진동수가 높은 소리도 인간의 귀에는 들리지 않습니다. 특히 2만 Hz보다 높아서 귀에 들리지 않는 소리를 '초음파'라고 합니다.

사람의 귀에 들리는 음파는 물질 속을 통과할 때 퍼지면서 진행합니다. 그런데 진동수가 큰 초음파는 물질 속을 통과할 때 별로 퍼지지 않고 진행합니다. 그래서 물체에 닿아 반사해 올 때도 별로 퍼지지 않고 돌아옵니다.

일부 동물은 초음파를 들을 수 있습니다. 예를 들면 개는 사람은 들을 수 없는 약 5만 Hz 진동수의 초음파까지 들을 수 있으며, 고양이는 6만 Hz 이상의 초음파를 들을 수 있습니다. 박쥐나 돌고래는 10만 Hz가 넘는 초음파를 들을 수 있을 뿐만 아니라 스스로 초음파를 발사할 수도 있습니다. 박쥐나 돌고래는 초음파를 발사해 물체에 반사되어 돌아오는 초음파를 듣고서 자신의 앞에 있는 장애물이나 먹이의 위치와 모양을 포착합니다. 이것을 '반향정위'라고 합니다.

배 속을 본다고!?

예전에는 엄마 배 속에 있는 아기가 태어나기 전까지는 쌍둥이인지 정도만 알았지, 남자인지 여자인지는 알 수 없었습니다. 그러나 지금은 의사에게 요청하면 초음파 검사를 통해 태어나기 전에 미리 알 수 있습니다.

초음파를 쓰죠?
네. 맞아요.

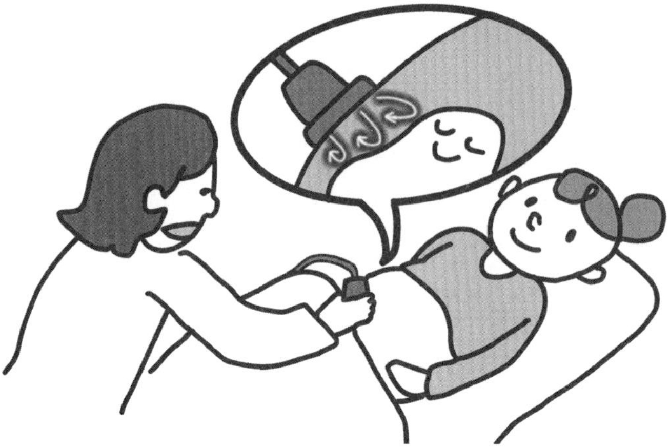

초음파 검사

초음파는 소리의 일종이므로 메아리처럼 물체에 닿아 돌아옵니다. 엄마의 배 표면에서 배 속에 있는 아기를 향해 초음파를 발사시켜 돌아오는 시간과 강도의 차이를 토대로 이미지를 생성한 뒤 확인합니다.

해저 지형을 조사하는 방법

초음파를 이용한 장비 중에 해저의 깊이를 조사하는 음향측심기나 어선이 물고기를 찾을 때 사용하는 어군탐지기가 있습니다둘 다 소나의 일종. 예전에는 해저의 깊이를 조사하기 위해 배 위에서 끝에 무거운 추를 단 긴 밧줄을 내려서 측정했습니다. 그 후 로프는 강철 와이어로 바뀌었지만, 한 지점을 측정할 때마다 추를 올리고 내려야 하는 번거로움이 있었습니다.

소나로 해저의
지형을 알 수 있어.
고래에?
와~

그래서 고안한 것이 음파의 이용

초음파 초음파는 진동수가 크기 때문에 물체를 빠르게 진동시킬 수 있습니다. 안경가게 앞에 물이 든 세척기가 놓여 있는 것을 자주 볼 수 있는데, 이 세척기에는 초음파를 발생시키는 장치가 들어 있습니다. 물속에 안경을 넣고 스위치를 켜면 물이 빠르게 진동하며 미세한 기포가 발생해 더러운 안경을 세척합니다. 초음파 세척기는 다양한 산업 분야에서 기계 부품이나 전기 부품 등을 세척할 때 사용되고 있습니다.

입니다. 초음파를 발사해 해저에 닿아 반사된 소리를 청음기로 들을 때까지의 시간의 절반, 즉 편도 시간을 음파의 속도에 곱하면 깊이를 구할 수 있습니다. 이 음향탐지기 소나의 발전에 의해 울퉁불퉁한 해저 지형을 더 쉽게 조사할 수 있게 되었습니다.

이것이 공통점!

복부 표면에서 초음파를 발사시키면 소리가 물체에 닿은 뒤 메아리처럼 반사해 돌아오는 성질을 이용하여 복부 내부의 모습을 조사할 수 있습니다.

45 자전거 전조등으로 설명할 수 있는 발전기의 원리

발전기의 구조

발전소를 견학해 본 적 있으신가요? 안쪽까지 보여주지 않을 때도 있지만, 겉에서만 보더라도 매우 큰 규모에 박력이 느껴집니다. 발전소는 공장이나 철도, 집이나 빌딩에서 사용하는 전기를 만들어냅니다. 큰 발전소라면 100만 킬로와트시라는 터무니없이 거대한 양의 전기를 만듭니다. 하지만 전기는 눈에 보이지 않습니다. 전기는 어떻게 만드는 것일까요?

태양광 발전소를 제외한 다른 발전소에서는 에너지원이 되는 부분과 에너지를 전기로 변환하는 발전기라는 부분이 있습니다. 에너지원은 발전소의 종류에 따라 다릅니다. 댐에 물이 가득 차 있는 수력발전소는 높은 곳에 있는 물의 위치에너지가 에너지원입니다. 화력발전소는 석탄, 석유, 천연가스 등의 연료를 보일러에서 태워 물을 끓여 수증기로 만듭니다. 이것이 에너지원이 됩니다. 풍력발전은 바람 자체가 에너지원이며, 원자력발전소는 핵연료인 우라늄 235가 핵분열할 때의 열이 에너지원입니다. 그런데 태양광발전소에서는 태양광이 바로 전기가 되기 때문에 발전기가 없습니다.

발전기 안에는 축과 축에 붙은 코일이 있으며, 축을 중심으로 회전하도록 장치되어 있습니다. 댐에서 나오는 세찬 물이나 뜨거운 수증기의 힘은 최종적으로 발전기의 축을 회전시키고, 축과 코일이 회전하면 전기가 발생합니다. 회전으로 어떻게 전기가 생기는 것일까요?

전자기유도

놀랍게도 전기가 발생하는 원리는 거대한 발전소든, 전기자동차의 회생제동 전동기를 발전기로 동작하게 해 얻은 전력을 전원으로 되돌리는 제동 방식이든, 포장마차에서 사용하는 휴대용 발전기든, 자전거에 붙어 있는 발전기든 규모만 다를 뿐 모두 같습니다.

일상 속 발전기인 자전거 발전기를 알아봅시다. 야간에 자전거를 타려면 전조등을 켜야 하는데, 전지가 들어가는 전등을 사용하지 않고 자전거 발전기를 사용하기도 합니다. 요즘 자전거 발전기는 앞바퀴 중심 부분에 붙어 있는데, 얼마 전까지만 해도 자전거 발전기는 앞바퀴의 오른쪽 앞에 붙어 있었습니다. 바퀴가 돌아가면 회전하는 힘이 발전기로 전달되어 축을 회전시킴으로

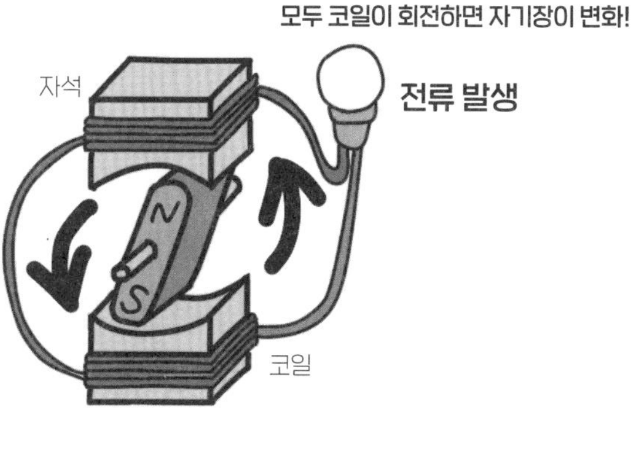

써 전기가 발생하는 원리인데, 분해해 보면 발전기 속은 의외로 간단합니다. 축 주변에 붙어 있는 코일이 고정된 영구자석에 끼워져 있습니다.

일반적으로 코일 속에서 자기장이 변화하면 유도전류가 발생하며, 이 현상을 전자기유도라고 합니다. 코일을 감은 횟수가 많을수록, 자석을 빨리 움직일수록, 자력이 강할수록 큰 전류가 흐릅니다.

축에 붙은 코일이 고정된 자석 안에서 회전하면 자석과 코일 사이의 각도가 변합니다. 그러면 코일 안쪽을 통과하는 자기장이 변화하기 때문에 전류가 발생합니다. 이것이 발전기의 정체입니다. 또 이 구조는 모터와 거의 비슷한데, 멈춰 있는 모터를 열심히 돌리면 거꾸로 전기가 발생합니다.

이것이 공통점!

모든 발전기는 자석과 코일의 회전을 통해 전기를 만듭니다!

46 시원함을 전해주는 기화열의 정체

여름철, 거리에 물을 뿌리는 이유

예전에는 더운 여름날에 거리에 물을 뿌려 열기를 식히는 풍경을 자주 볼 수 있었습니다. 물을 뿌리면 청소한 곳을 깨끗이 쓸어내리고 도로의 흙먼지를 방지하는 등의 효과가 있었다고 합니다. 물을 뿌리면 왜 시원함이 느껴지는지 그 이유를 알아봅시다.

액체가 증발하면 주변에서 열을 빼앗음

주사를 놓을 때는 먼저 알코올을 머금은 탈지면으로 닦아 소독합니다. 이때 소독한 곳이 차갑게 느껴지는데, 이는 알코올이 증발할 때 주변에서 열을 빼앗기 때문입니다. 이 열을 '기화열'이라고 합니다. 왜 증발할 때 열을 빼앗는

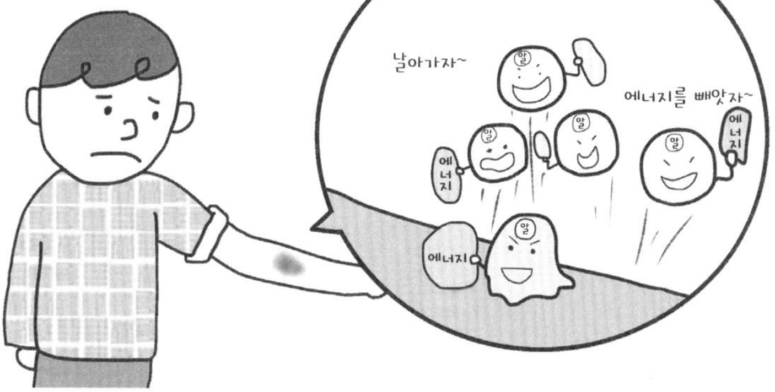

알코올 소독을 하면
알코올이 열을 빼앗아 증발함
점점 증발한다~!
날아가자~
에너지를 빼앗자~
에너지

것일까요?

알코올은 알코올 분자가 여러 개 모여 이루어져 있습니다. 분자끼리 달라붙어 있는 상태인 액체 알코올과 달리 기체 알코올은 하나하나의 분자가 뿔뿔이 흩어져 휭휭 날아다니고 있습니다. 하나하나의 분자는 매우 작아서 증발한 기체 알코올은 눈에 보이지 않습니다.

알코올처럼
증발해 버린
사람….
전화도 없네.
잠잠…
차가운 사람
같으니…

액체 알코올이 기체 알코올로 변하려면 휭휭 날아다니기 위한 에너지가 필요합니다. 알코올은 증발할 때 열의 형태로 주변으로부터 에너지를 빼앗습니다. 이것이 기화열의 정체입니다.

물을 뿌리면 일단 뿌린 물의 작용으로 도로 표면이 차가워집니다. 게다가 그 물이 증발하면서 기화열로 열을 빼앗아 도로를 식힙니다. 그러면 도로와 닿아 있는 공기가 식어 온도가 내려갑니다. 그래서 물을 뿌리면 서늘함이 느껴지는 것입니다.

물은 지표의 에너지를 빼앗아 증발함

기화열은 물이 알코올보다 크다

인플루엔자 예방주사를 놓기 위해 팔에 알코올을 묻혀 소독하면 팔이 매우 차갑게 느껴집니다. 소독용 알코올이 팔에서 증발할 때 기화열로 열을 빼앗기 때문입니다. 한편 손을 씻은 후의 물에 젖은 손은 알코올보다 차갑게 느껴지지 않습니다. 기화열은 물보다 알코올이 더 큰 것일까요?

답은 '아니오'입니다. 물의 기화열이 무려 3배나 더 큽니다. 사실 알코올은 물보다 증발하기 쉬워서 물에 비해 짧은 시간에 증발합니다. 짧은 시간에 열을 빼앗기 때문에 더 차갑게 느껴지는 것입니다. 이에 비해 물은 천천히 증발하므로 그다지 차갑게 느껴지지 않습니다.

선풍기나 부채의 바람은 왜 시원할까?

실온의 바람을 그저 불어 보낼 뿐인 선풍기나 부채의 바람이 차가울 리 없습니다. 그런데 왜 시원하게 느껴질까요?

보통 체온은 실온보다 높아서 몸과 닿은 공기는 데워져서 실온보다 높아집니다. 거기에 바람이 불면 몸에 닿은 따뜻한 공기가 이동하기 때문에 실온과 같은 온도의 바람이라 해도 시원하게 느껴집니다. 그때 땀을 흘리거나 몸이 젖어 있으면 바람에 의해 수분이 더 빨리 증발하므로 기화열로 체온이 내려가 더욱 시원하게 느껴집니다.

잔디가 시원하고 모래사장이 뜨거운 것은

여름에 건조한 모래사장이나 모래밭은 맨발로 걸을 수 없을 만큼 뜨겁습니다. 이와 달리 모래밭 근처의 잔디밭은 서늘합니다. 왜 이런 큰 온도 차이가 발생할까요?

모래사장이나 모래밭은 젖으면 물의 기화열로 인해 온도가 낮아집니다. 그러나 건조할 때는 태양열로 가열되기 때문에 온도가 올라가 버립니다.

한편 식물은 햇빛의 에너지를 이용해 광합성으로 영양분을 합성하기 위해 빛에너지를 흡수합니다. 또한 뿌리에서 흡수한 물을 잎의 기공에서 증산하므로 물의 기화열로 인해 온도가 낮아집니다. 그래서 잔디는 온도가 별로 올라가지 않는 것입니다. 옥상이나 베란다에 식물을 심거나 건물 주변을 녹화하는 이유도 식물의 힘을 빌려 온도가 올라가는 것을 방지하기 위함입니다.

또 기화열인가!
그 녀석 소문을 안 듣는 날이 없어.
인기가 많군….
선풍기
식물

이것이 공통점!

물 뿌리기와 알코올 소독 모두 물과 알코올이 증발할 때 '주변에서 기화열을 빼앗는' 현상으로 온도가 내려갑니다.

47 바닷가에서 부는 해륙풍은 열기구로 설명할 수 있다!

열기구의 원리

따뜻해지면 공기가 팽창해···.
팽창하면 밀도가 작아져서···.
불
부력으로 들썩들썩~♪

열기구는 기구와 바구니, 버너로 이루어져 있으며, 엔진은 붙어 있지 않습니다. 버너로 데운 공기를 서서히 기구로 보내는 것으로, 따뜻한 공기가 가득 차면 기구가 빵빵하게 부풀어 오르며 상공으로 둥실 떠오르기 시작합니다.

많은 물질은 따뜻해지면 부피가 늘어나는데, 이를 '팽창'이라고 합니다. 공기도 예외는 아닙니다. 이때 부피는 늘어나지만 질량은 바뀌지 않으므로 밀도는 작아집니다. 공기에도 무게가 있는데, 1 L에 약 1.2 g이나 됩니다. 팽창해서 밀도가 작아지면 부력이 작용하여 위로 올라갑니다. 따뜻해져서 팽창한 공기 덩어리를 기구에 가둔 것이 바로 열기구입니다.

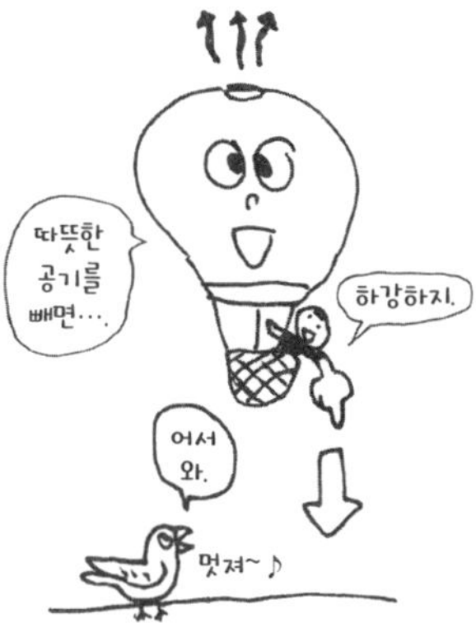

따뜻한 공기를 빼면···.
하강하지.
어서 와.
멋져~♪

상공으로 올라가면 기온이 낮아지므로 열기구의 조종사는 정기적으로 버너를 피워서 따뜻한 공기를 보충해 고도를 유지합니다. 고도를 낮추려면 기구 안에 모여 있는 따뜻한 공기를 밖으로 방출하면 됩니다.

해변에 생기는 해륙풍

해안선 가까이에는 해륙풍이라고 부르는 바람이 붑니다. 해륙풍은 해풍과 육풍으로 나뉘는데, 두 바람은 부는 시간이 다릅니다. 열기구와 마찬가지로 해륙풍도 따뜻한 공기의 움직임과 관계가 있습니다.

해변 주변의 공기 움직임을 시간별로 알아봅시다. 태양이 떠 있으면 태양 빛으로 열이 전달되므로 따뜻함을 느낍니다. 이 열로 인해 지면과 해수면이

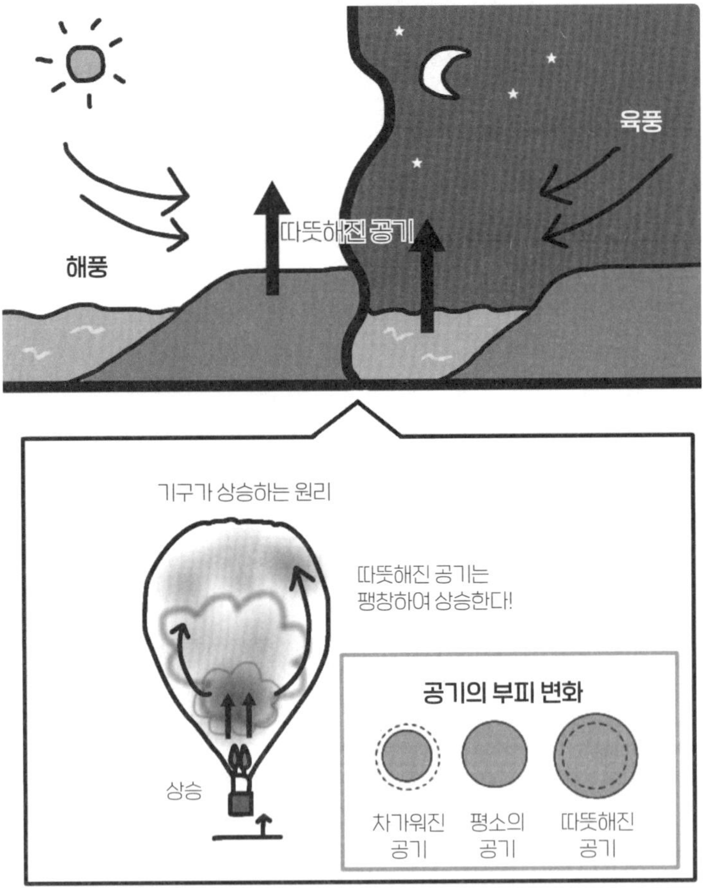

따뜻한 공기의 팽창으로 발생하는 해륙풍

따뜻해집니다.

열을 잘 흡수하는 지면은 온도가 점점 상승합니다. 그런데 물은 '따뜻해지기 어렵고 차가워지기 어려운' 성질이 있습니다. 즉 해수면은 지면에 비해 온도가 잘 올라가지 않습니다.

지면이 따뜻해지면 지면과 접촉한 공기로 열이 전달됩니다. 열기구가 뜨는 원리와 마찬가지로, 따뜻해진 공기는 팽창하여 밀도가 작아지므로 위로 이동합니다. 그리고 아직 온도가 다 올라가지 않은 해상에 있는 공기가 이곳으로 흘러들어오면서 바람이 됩니다. 이것이 낮 동안 바다에서 불어오는 바람인 '해풍'입니다.

해가 지면 따뜻함을 주는 열원이 사라지므로 이번에는 온도가 점점 내려갑니다. 앞에서 이야기했듯 물에는 '따뜻해지기 어렵고 차가워지기 어려운' 성질이 있으므로 육지 쪽의 온도가 먼저 내려갑니다. 그러면 해수면 위에 있는 공기가 상대적으로 더 따뜻해집니다. 따뜻한 공기는 상공으로 이동하고 이번에는 그곳에 육지에서 온 차가운 공기가 흘러들어와 바람이 생깁니다. 이것은 육지에서 바다를 향해 불기 때문에 '육풍'이라고 부릅니다.

『낮에는 육지로 가라!』

『바다로 들어가도 될까요?』

이것이 공통점!

버너로 데운 공기를 모으거나 빼서 상승 및 하강하는 기구의 원리로 해변에서 부는 '해륙풍'의 성질을 설명할 수 있습니다!

48 기압에 따른 물의 끓는점을 이용한 압력솥

압력이 주는 변화

정상에 올라 먹는 맛있는 식사는 등산의 묘미 중 하나입니다. 등산을 갔을 때 가져온 과자봉지가 높은 산 위에서 빵빵하게 부푼 것을 본 사람이 제법 많을 것이라 생각됩니다.

고산 지대에 있는 호텔이나 레스토랑은 조리할 때 어려움을 겪습니다. 평범한 냄비로 물을 끓여서는 맛있는 음식을 만들 수 없는데, 이는 고지대에서는 물이 끓는 온도가 달라지기 때문입니다. 그런데 압력솥을 쓰면 음식이 단시간에 완성되고 단단한 재료도 금세 부드러워집니다. 압력솥은 물이 끓는 온도를 높일 수 있기 때문에 고지대에서의 어려운 요리를 도와줍니다.

실내도 마찬가지

기압이다.
기압이다~!
기압이야.
과자
힘을 내!

산에서 과자봉지가 빵빵하게 부푸는 것과 반대로 산 정상에서 다 마시고 뚜껑을 닫은 페트병이 집에 돌아오면 쪼그라드는 일이 있습니다. 이는 표고가 올라가면 공기가 희박해져 압력이 낮아지기 때문에 일어나는 현상입니다.

먼저 표고와 압력에 대해 설명하겠습니다. 압력이란 한 지점의 단위 면적당 수직 방향 공기의 총중량을 말합니다. 바꿔 말하면 한 지점의 공기의 무게입니다. 기압의 단위는 hPa헥토파스칼로 표기합니다.

물의 끓는점은 기압의 영향을 받습니다. 액체의 물은 물 분자 덩어리로, 열에너지를 가하면 분자의 운동이 커져서 튀어나옵니다. 여기에 압력, 즉 기압이 가해지면 튀어나오는 분자를 꽉 억누릅니다. 그러나 누르는 힘이 약하면 적은 열에너지로도 튀어나오기 쉬워집니다.

즉, 기압이 낮아지면 물이 끓는 온도도 낮아집니다. 표고 및 기압과 물의 끓는점은 아래의 표와 같이 변합니다. 표고가 올라가면 기압이 낮아지고 물의

표고	기온	대기압	지상의 대기압과의 비	물의 끓는점
0 m	20℃	1,013 hPa	1배	100℃
1,000 m	14℃	904 hPa	0.89배	96.8℃
2,000 m	7℃	805 hPa	0.80배	93.8℃
3,000 m	1℃	714 hPa	0.70배	90.5℃
3,776 m	-4℃	650 hPa	0.64배	88.0℃
5,000 m	-12℃	561 hPa	0.55배	84.3℃
8,848 m	-33℃	332 hPa	0.32배	71.5℃

끓는점도 낮아집니다. 반대로 기압이 높아지면 물의 끓는점도 높아집니다.

평균적으로 지상의 기압은 1기압으로, 1기압은 1,013 hPa이며 물의 끓는점은 100℃입니다. 표고가 1,000 m 올라감에 따라 기압은 약 100 hPa씩 낮아집니다. 높이 8,848 m인 에베레스트 정상에서의 기압은 약 300 hPa로, 온도도 영하 33℃까지 내려가며 물의 끓는점은 71.5℃까지 내려갑니다. 높이 1,947 m인 한라산에만 올라도 끓는점이 약 94℃이므로 지상에서만큼 뜨거워지지 않습니다. 그래서 고지대에서 지은 밥은 쌀 안쪽까지 열이 전달되지 않아 설익는 것입니다.

끓는점은 기압에 따라 달라짐

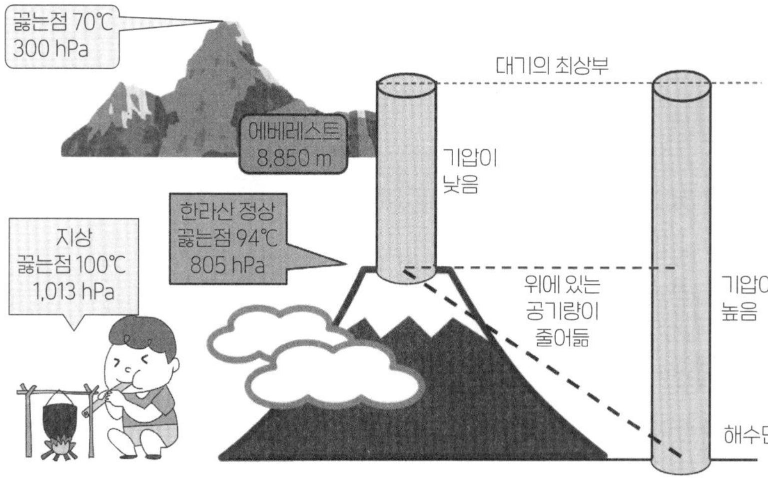

기압과 끓는점의 관계에서 탄생한 압력솥

기압에 따라 물의 끓는점이 변하는 원리를 이용해 만든 제품이 압력솥입니다. 가열해서 안에 있는 물이 끓으며 발생하는 수증기를 이용해 압력을 높이는 구조입니다.

압력을 가하면 물의 끓는점이 높아집니다. 고온으로 채소를 삶아 요리하면 채소의 색도 선명하게 유지할 수 있고 조리 시간 또한 짧아져 재료의 맛도 잃지 않습니다.

그러나 압력솥 내부의 압력이 너무 높아지면 위험하므로 어느 정도 높아지면 증기를 빼는 구조로 이루어져 있습니다. 압력솥 내부는 약 1.5기압까지 올라가 거의 120℃ 정도가 됩니다. 고온이기 때문에 조리 시간은 3분의 1 정도밖에 걸리지 않습니다.

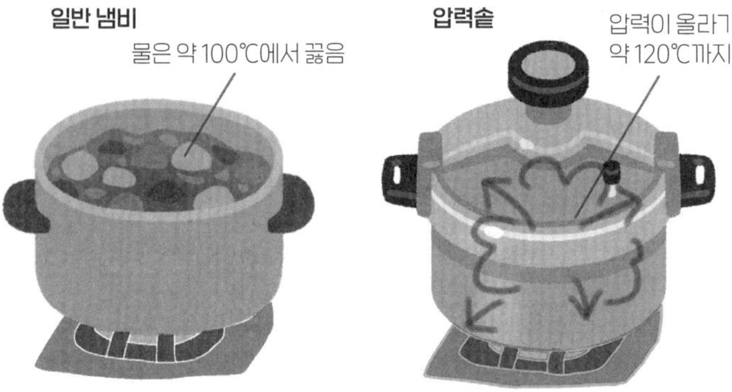
일반 냄비
물은 약 100℃에서 끓음
압력솥
압력이 올라가
약 120℃까지 됨

이것이 공통점!

기압이 낮으면 물의 끓는점이 낮아지는 현상과 압력솥으로 물의 끓는점을 높일 수 있는 원리는 같습니다!

49 김과 닮은 물안개의 모습

동일한 현상으로 발생하는 안개와 김

추운 날 이른 아침에 강 위로 안개가 낀 장면을 본 적 없으신가요? 또 추울 때 노천탕을 가면 모락모락 올라오는 김을 볼 수 있습니다. 차가운 강물과 따뜻한 목욕탕 물. 정반대인 것 같지만, 사실 같은 현상으로 설명할 수 있습니다.

안개의 발생 조건?

먼저 안개의 발생 조건을 알아봅시다.

1. 복사안개의 발생 조건

지면에 의해 따뜻해진 공기가 식을 때 발생하는 안개를 복사안개라고 합니다. 맑은 낮 동안에는 지면이 태양열로 따뜻해지지만 야간에 복사냉각으로 지면이 식고 바람이 없을 때 발생합니다.

2. 이류안개의 발생 조건

따뜻한 공기가 호수나 연못, 바다처럼 기온이 낮은 곳으로 이동해 오면 안개가 발생합니다. 이러한 현상을 이류안개라고 합니다.

이 중에 내가 제일 센 안개라고!
안 개는 안개는 없어.
거만하기는…

3. 증발안개의 발생 조건

수면의 물이 증발해 만들어진 수증기가 식으면서 안개가 될 때가 있습니다. 따뜻해져서 증발한 강이나 연못의 물이 차가운 공기로 인해 식을 때 발생해서 증발안개라고 합니다.

4. 전선안개의 발생 조건

따뜻한 기단과 차가운 기단이 만나는 온난전선이나 한랭전선의 부근에서 발생하는 안개를 전선안개라고 합니다. 따뜻한 기단과 차가운 기단이 섞이는 경계에서도 안개가 발생합니다.

5. 활승안개의 발생 조건

태양열로 따뜻해진 지표 부근에 있는 수증기를 머금은 공기는 상승합니다. 이때 기압과 온도가 내려가 이슬점에 도달하면 구름이 발생합니다. 또한 바람이 산에 부딪히거나 산기슭을 따라 상승할 때 공기가 이슬점에 도달해 구름이 발생합니다. 이 구름이 활승안개입니다.

주전자 입구를 관찰하면…

주전자로 물을 끓여 온도가 올라가면 주둥이에서 수증기가 나옵니다. 하지만 주둥이 근처에서는 물이 수증기 상태이기 때문에 보이지 않습니다.

그러나 잠시 후 주변 공기로 인해 식은 수증기는 작은 물방울이 되어 하얗

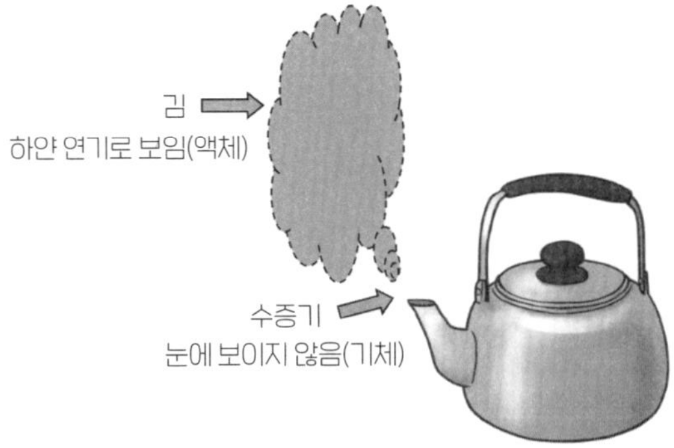

따뜻한 물이 증발해 차가운 공기에 식어 형성되는 김

게 보입니다. 이것을 '김'이라고 합니다. 앞에서 이야기한 안개의 발생 조건 중 '증발안개'의 조건에 거의 들어맞습니다.

물안개와의 만남

늦가을부터 겨울까지는 밤에 맑고 기온이 낮은 날이 많습니다. 게다가 전날에 비가 오면 공기 중에는 수증기가 아주 많습니다. 비가 그친지 얼마 되지 않아 맑고, 아직 차가운 기단이 들어오지 않아서 따뜻한 아침이 있습니다. 상공이 맑고 바람도 없으며 공기 중에는 수증기가 가득하고 수온이 기온보다 따뜻한 아침에는 반드시 물안개가 발생합니다. 해가 뜨고 기온이 올라가면 수명이 짧은 물안개는 사라져 갑니다.

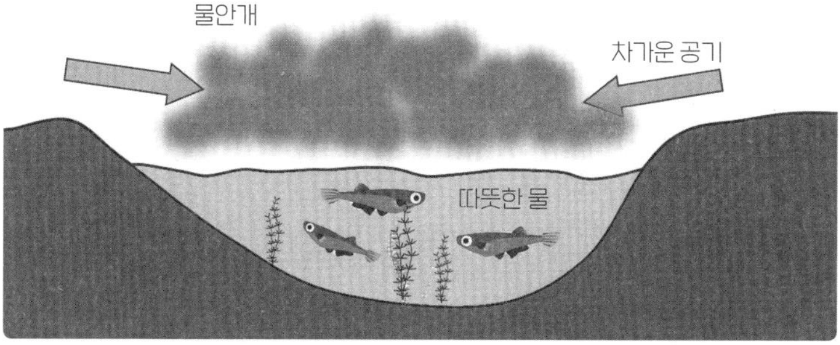

증발한 따뜻한 물이 차가운 공기에 의해 식어 발생하는 물안개

온천 마크 욕조에서 김이 나오는 모습을 그린 온천 마크는 일본의 이소베온천에서 처음 사용되었습니다. 이것이 일본 최초의 온천 기호입니다.

(1661년 향토 그림 자료에 기재)

목욕탕이 뿌연 이유

노천탕뿐만 아니라 가정집 욕실에서도 비슷한 현상이 일어납니다. 뚜껑을 덮은 욕조에 따뜻한 물을 채운 다음 뚜껑을 열면, 상대적으로 차가운 욕실 온도 때문에 뜨거운 물에서 나온 수증기가 한 번에 식으며 안개처럼 바뀌기도 합니다. 최근 가정집 욕실은 단열 효과를 높게 설계해서 욕실 전체가 따뜻하게 유지됩니다. 이런 욕실에서는 눈앞이 뿌옇게 흐려지는 현상을 보기 힘듭니다.

온천이나 대중목욕탕처럼 큰 목욕탕에 갔을 때 뜨거운 탕에 몸을 담그고 위를 올려다보면 천장의 전등이 어렴풋이 흐리게 보이는 일이 자주 있습니다. 목욕탕 전체는 따뜻하지만, 외부 공기와 접촉하는 천장이나 환기구 부근은 안개처럼 김이 껴 흐리게 보이는 것입니다.

이것이 공통점!

물안개와 김 모두 따뜻한 물에서 증발한 수증기가 주변의 차가운 공기에 의해 식어 '작은 물방울 = 안개'가 됩니다!

50 별의 반짝임은 강바닥의 자갈로 설명할 수 있다!

밤하늘의 별과 강물 속 자갈은 닮았다?

공기가 맑은 겨울밤, 별을 관찰하면 매우 반짝반짝 빛나고 있습니다. 마치 점멸하는 듯 반짝반짝 빛나는 별은 참으로 아름답습니다.

또한 흐르는 강물 속을 바라보면 강바닥의 돌이 흔들리고 있어 돌의 형태가 또렷하게 보이지 않습니다. 그런데 이 두 현상은 같은 원리로 설명할 수 있습니다.

겨울 밤하늘이 깨끗하고 별이 빛나는 이유

대기가 깨끗한 겨울에는 별들이 매우 또렷하게 빛나 보입니다. 겨울은 대륙에서 오는 건조한 고기압의 영향으로 날씨도 맑고 공기가 건조합니다. 또한 기압이 서고동저인 날이 많고 북서풍이 강한 날이 이어집니다. 대기는 상공 10 km보다 높이 있으며 이런 날씨일 때 상공에는 온도로 인해 밀도가 다른 공기 덩어리가 차례차례 흘러들어옵니다.

하늘 하늘 하늘…
굴
절
광~
빛이 직진하지 않는다고?!
그게 신틸레이션이야.

빛은 밀도가 다른 물질에 닿으면 굴절해 일부가 반사됩니

다. 상공을 흐르는 대기는 온도가 같지 않고, 끊임없이 온도가 다른 공기 덩어리가 흘러들어옵니다. 또한 산을 넘은 공기가 위아래로 물결치면서 온도 차가 생기며 공기가 흘러들어옵니다.

상공 8~13 km 부근에는 제트기류라는 강한 대류권 편서풍이 붑니다. 북위 40° 부근의 한대제트기류와 북위 30° 부근의 아열대제트기류가 있으며, 길이 수천 킬로미터, 두께 수 킬로미터, 폭 100 km 정도로 특히 겨울철 두 제트기류가 합류하는 부분의 풍속은 초속 30 m에서 100 m 가까이 달하기도 합니다.

겨울에는 상공의 강한 제트기류나 서풍으로 인해 늘 온도가 다른 공기 덩어리가 흘러들어 아주 작은 온도 차이에서도 별에서 빛의 굴절이 일어납니다. 휘어서 들어오는 별빛은 관찰자의 눈에는 밝기가 변하며 반짝반짝 빛나 보입니다. 별 자체의 밝기 변화는 아니지만, 망원경으로 보면 하늘하늘 흔들리거나 몇 겹으로 겹쳐 보입니다. 이 현상을 대기에 의한 '신틸레이션'이라고 합니다.

흐르는 강물 속 돌도 하늘하늘

강바닥에 놓여 있는 돌을 보면 하늘하늘 흔들려 형태가 또렷하지 않습니다. 강바닥의 돌과 관찰자 사이에는 흐르는 물이 있습니다. 물의 흐름이 없는 연못은 바람이 불지 않으면 고요한 수면을 통해 바닥의 돌이 또렷하게 보입니다. 그러나 강은 흐르고 물결이 있습니다. 또한 작은 차이지만 수온이 다른 물이 여기저기서 섞이며 언제나 흐르고 있습니다.

강에 비치는 빛은 수온이 다른 물의 흐름보다 물결에 의한 영향을 더 크게 받습니다. 그래서 빛의 굴절이 매우 커지기 때문에 강바닥에 있는 작은 물고기를 잘 알아채지 못합니다.

별의 반짝거림은

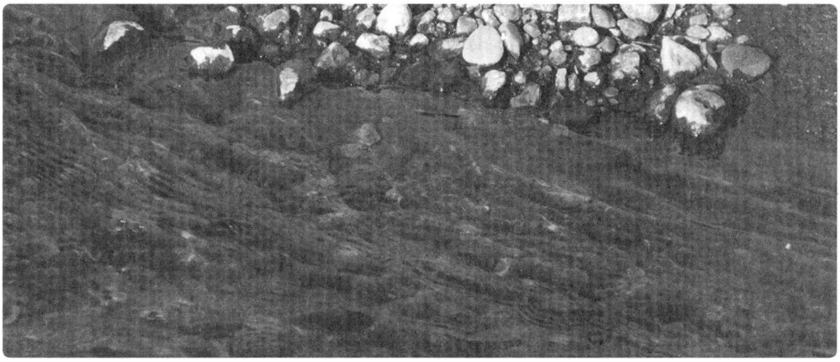

강바닥을 보는 것과 같음

||

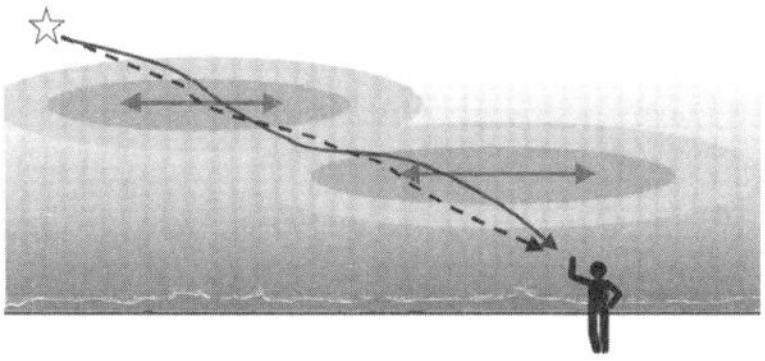

'흐름'이 가로막고 있음

×

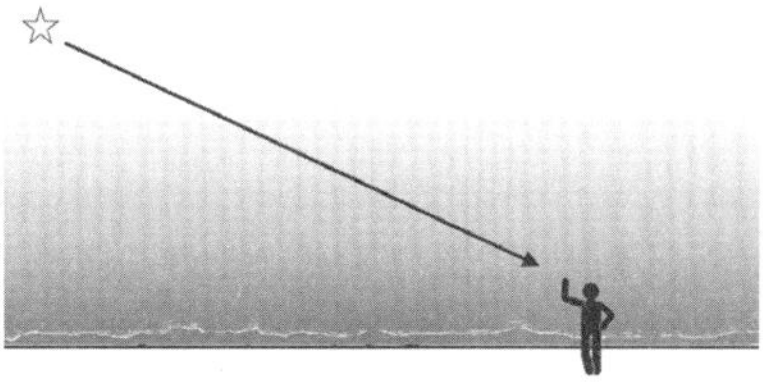

빛은 직진해서 도착하지 않음

아지랑이도 같은 현상

아지랑이는 햇살로 따뜻해진 지면에 국소적으로 밀도가 다른 공기가 섞이며 빛이 굴절해 일어나는 현상입니다. 여름처럼 햇살이 강하고 바람이 약한 날에는 지면의 온도가 높아집니다. 특히 도로의 아스팔트 등에서는 따뜻한 공기 덩어리가 잘 떠오르는데, 멀리서 보면 아른아른 흔들리는 것처럼 보입니다.

아른
아른~
앗! 아지랑이다!
더우니까 그만 돌아가자.

반짝거리지 않는 행성

별은 대기의 흔들림에 의해 반짝거린다고 설명했지만, 행성은 반짝거리지 않습니다. 시리우스처럼 밝은 항성의 반짝이는 빛은 매우 아름답지만, 행성은 아무리 밝은 천체라도 반짝거리지 않습니다. 행성은 점광원이 아니라 겉보기에는 면적을 지닌 천체이므로 관찰자에게 제대로 빛이 도착하기 때문입니다. 밤하늘을 올려다보았을 때 밝지만 반짝거리지 않는 별을 찾았다면 행성이 아닐까 생각할 수 있습니다. 그러나 망원경을 사용해 배율을 올려 행성을 관찰하면 반짝거리지는 않지만 하늘하늘 흔들려 보입니다.

이것이 공통점!

별의 빛과 하늘하늘 보이는 강물 속 돌 모두 관찰자와 대상 사이에 늘 온도가 다른 대기나 물이 흘러서 발생하는 빛의 굴절 때문에 일어나는 현상입니다!

과학이 재밌어지는 아주 친절한 과학책
일상에서 발견한 50가지 과학 원리

초판 인쇄 2021년 12월 1일
초판 발행 2021년 12월 5일

지은이 사마키 다케오
옮긴이 이재화
감수 류성철
펴낸이 조승식
펴낸곳 (주)도서출판 북스힐
등록 1998년 7월 28일 제22-457호
주소 서울시 강북구 한천로 153길 17
전화 02-994-0071
팩스 02-994-0073
홈페이지 www.bookshill.com
이메일 bookshill@bookshill.com

값 14,000원
ISBN 979-11-5971-382-8